킬러 없는 모의고사 1회 문제지

수학 영역

홀수형

성명		수험 번호						—			

○ 문제지의 해당란에 성명과 수험번호를 정확히 쓰시오.

○ 답안지의 필적 확인란에 다음의 문구를 정자로 기재하시오.

이제, 훨훨 날아가자

○ 답안지의 해당란에 성명과 수험 번호를 쓰고, 또 수험 번호, 문형 (홀수/짝수), 답을 정확히 표시하시오.

○ 단답형 답의 숫자에 '0'이 포함되면 그 '0'도 답란에 반드시 표시하시오.

○ 문항에 따라 배점이 다르니, 각 물음의 끝에 표시된 배점을 참고하시오. 배점은 2점, 3점 또는 4점입니다.

○ 계산은 문제지의 여백을 활용하시오.

※ 시험이 시작되기 전까지 표지를 넘기지 마시오.

킬러 없는 모의고사

8. 두 함수 $f(x)=x^3-2x+a$, $g(x)=x^2+2x+1$ 에 대하여 $\lim\limits_{h\to 0}\dfrac{f(2h)g(2h)-1}{h}=b$ 이다. $f(b)+g(a)$ 의 값은? [3점]

① 1   ② 2   ③ 3   ④ 4   ⑤ 5

9. $\sqrt{10}<a<10\sqrt{10}$ 인 양수 a에 대하여 $\dfrac{1}{3}+\log\sqrt{a}$ 의 값이 자연수가 되도록 하는 a의 값은? [4점]

① $\sqrt[3]{100}$ ② $\sqrt[6]{10^5}$ ③ 10

④ $10\sqrt[6]{10}$ ⑤ $10\sqrt[3]{10}$

10. 직선 $y=\left(-\dfrac{1}{2}\right)^{n-1}\times n^2 x$ (단, $n=1,\ 2,\ 3,\ 4$)와 원점을 중심으로 하고 반지름의 길이가 1인 원이 제n사분면에서 만나는 점을 각각 P, Q, R, S라 하자. 직선 OP, OQ, OR, OS가 x축의 양의 방향과 이루는 각의 크기를 각각 α, β, γ, δ 라 할 때,

$$\frac{\sin(\pi+\alpha)\times\tan\left(\dfrac{1}{2}\pi-\beta\right)}{\tan(\pi+\gamma)\times\cos\left(\dfrac{3}{2}\pi+\delta\right)}=a$$

이다. a의 값은? [4점]

① $-\dfrac{\sqrt{10}}{6}$ ② $-\dfrac{\sqrt{2}}{5}$ ③ $-\dfrac{\sqrt{2}}{9}$ ④ $-\dfrac{3}{18}$ ⑤ $-\dfrac{\sqrt{10}}{18}$

11. 공차가 음수인 등차수열 $\{a_n\}$의 첫째항부터 제n항까지의 합을 S_n이라 하자. $S_m = 0$인 자연수 m이 존재할 때, $S_p = S_q$을 만족시키는 모든 순서쌍 (p, q)의 개수를 b_m이라 하자.

$\displaystyle\sum_{m=1}^{30} b_m$의 값은? (단, p, q는 자연수이고 $p < q$이다.) [4점]

① 200　　② 205　　③ 210　　④ 215　　⑤ 220

12. 그림과 같이 $\overline{AB}=3$, $\overline{BC}=4$이고 $\angle B = \dfrac{\pi}{2}$인 직각삼각형 ABC가 있다. 선분 AB를 $2:1$로 내분하는 점을 D, 점 A를 중심으로 하고 반지름의 길이가 $\overline{AD}$인 원이 선분 AC와 만나는 점을 E라 하자. 이 원 위의 점 G를 직선 CG가 원에 접하도록 잡는다. (단, 점 G는 직선 AB 위에 있지 않다.) 세 점 C,E,G를 지나는 원 위의 점 H가 $\angle HCG = \angle BAC$를 만족시킬 때, 선분 GH의 길이는? [4점]

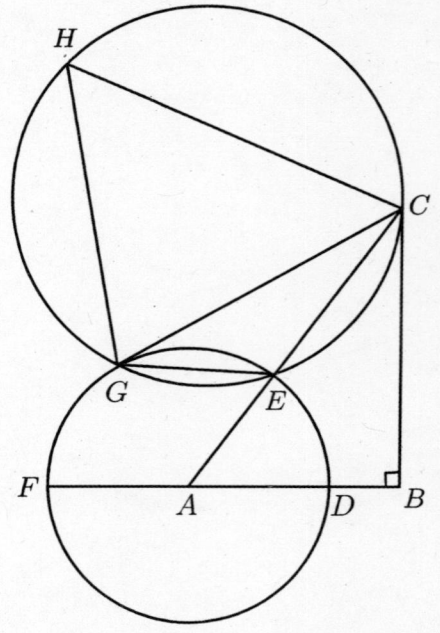

① $\dfrac{2\sqrt{30}}{5}$　　② $\dfrac{3\sqrt{30}}{5}$　　③ $\dfrac{4\sqrt{30}}{5}$　　④ $\sqrt{30}$　　⑤ $\dfrac{6\sqrt{30}}{5}$

13. 다항함수 $f(x)$가 다음 조건을 만족시킨다.

> (가) 모든 실수 x에 대하여
> $$\int_0^x \{f(t)+xf'(t)\}dt = xf(x)+\frac{1}{3}x^3+ax^2+bx \text{이다.}$$
> (나) 방정식 $f(x)=0$의 모든 근의 합은 -4이다.

함수 $|f(x)|$의 극댓값이 4일 때, $f(2a-b)$의 값은? [4점]

① 34 ② 32 ③ 30 ④ 28 ⑤ 26

14. 수열 $\{a_n\}$은 모든 자연수 n에 대하여

$$a_{n+2} = \begin{cases} a_n + 2a_{n+1} & (a_n \le a_{n+1}) \\ \dfrac{1}{2}a_n + a_{n+1} & (a_n > a_{n+1}) \end{cases}$$

을 만족시킨다. $a_3 = 1$, $a_6 = 17$이 되도록 하는 모든 a_1의 값의 합은? [4점]

① -8 ② -7 ③ -1 ④ 1 ⑤ 7

15.

16. $\log_2 9 \times \log_{\sqrt{3}} 4$의 값을 구하시오. [3점]

17. 다항함수 $f(x)$의 그래프 위의 점 $(1, 2)$에서의 접선의 기울기가 10이다. 함수 $g(x) = xf(x)$에 대하여 $g'(1)$의 값을 구하시오. [3점]

제 2 교시

수학 영역

5지선다형

1. $\dfrac{3^{1+\log_3 2}}{3^{1-\log_3 2}}$ 의 값은? [2점]

① 1　　② 2　　③ 4　　④ 8　　⑤ 9

2. $\displaystyle\int_1^2 (4x^3 - 2)\,dx$ 의 값은? [2점]

① 13　　② 15　　③ 17　　④ 19　　⑤ 21

3. 등비수열 $\{a_n\}$에 대하여 $a_3 = 5$, $a_2 a_5 = 10$일 때, a_4의 값은?
[3점]

① 1　　② 2　　③ 4　　④ 8　　⑤ 16

4. 함수 $y = f(x)$의 그래프가 다음 그림과 같다.

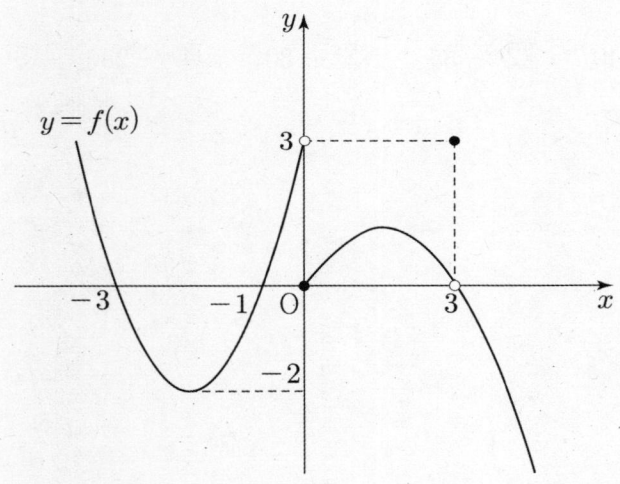

$\displaystyle\lim_{x \to 0+} f(x) = a$이다. 이 때, $\displaystyle\lim_{x \to a-} f(x)$의 값은? [3점]

① -3　　② -1　　③ 0　　④ 1　　⑤ 3

5. $\tan\theta = \dfrac{3}{2}$ 일 때, $\displaystyle\sum_{k=1}^{4}\tan\left(\dfrac{k\pi}{2}+\theta\right)$ 의 값은? [3점]

① 1   ② $\dfrac{4}{3}$ ③ $\dfrac{5}{3}$ ④ 2   ⑤ $\dfrac{7}{3}$

7. 방정식 $|2^x-4|\times 2^x=1$ 의 서로 다른 세 실근이 $\alpha,\ \beta,\ \gamma$ 일 때, $\alpha+\beta+\gamma$ 의 값은? [3점]

① $\log_2\left(1+\sqrt{5}\right)$ ② $\log_2\left(2+\sqrt{5}\right)$ ③ $\log_2\left(3+\sqrt{5}\right)$

④ $\log_4\left(1+\sqrt{5}\right)$ ⑤ $\log_4\left(2+\sqrt{5}\right)$

6. 삼차방정식 $x^3-\dfrac{3}{2}x^2-6x+a=0$ 의 서로 다른 실근의 개수가 2가 되도록 하는 모든 상수 a 의 값의 곱은? [3점]

① -40 ② -35 ③ -30 ④ -25 ⑤ -20

18. 열린구간 $(0,\ 2\pi)$에서 방정식 $\sin^2 x = \dfrac{1}{16}$의 모든 실근의 합이 $a\pi$일 때, a의 값을 구하시오. [3점]

19. 실수 m에 대하여 직선 $y = mx - 1$와 함수

$$f(x) = \begin{cases} \dfrac{1}{4}x^2 & (x < 4) \\ -x + 8 & (x \geq 4) \end{cases}$$

의 그래프의 교점의 개수를 $g(m)$이라 하자. 최고차항의 계수가 1인 삼차함수 $h(x)$에 대하여 함수 $g(x)h(x)$가 실수 전체의 집합에서 연속일 때, $h(5)$의 값을 구하시오. [3점]

20. 두 자연수 a, b에 대하여 닫힌구간 $[0, 2\pi]$에서 정의된 함수 $f(x) = |4\cos ax + b|$ 가 있다. 함수 $y = f(x)$의 그래프와 직선 $y = 3$이 만나는 점의 개수가 12가 되도록 하는 a, b의 모든 순서쌍 (a, b)에 대하여 $a+b$의 최댓값과 최솟값을 각각 M, m이라 할 때, $M + m$의 값을 구하시오. [4점]

21. $a > 2$ 인 상수 a에 대하여 함수 $f(x)$를

$$f(x) = \begin{cases} -x + 2 & (x \le 2) \\ x^2 - (a+2)x + 2a & (x > 2) \end{cases}$$

라 하자. 최고차항의 계수가 1인 삼차함수 $g(x)$에 대하여 실수 전체의 집합에서 연속인 함수 $h(x)$가 다음 조건을 만족시킨다.

> (가) $x \ne 2, x \ne a$일 때, $h(x) = \dfrac{g(x)}{f(x)}$이다.
>
> (나) 함수 $h(x)$는 $x = 2$에서 미분가능하다.

이때, $g(5) + h(0)$ 의 값을 구하시오. [4점]

22.

제 2 교시 **수학 영역(확률과 통계)**

5지선다형

23. 확률변수 X가 이항분포 $B\left(120, \dfrac{1}{3}\right)$을 따를 때, $E(X)$의 값은?

[2점]

① 20   ② 30   ③ 40   ④ 50   ⑤ 60

24. 두 사건 A, B가 서로 배반사건이고,

$$P(A)=\frac{1}{3},\ P(A\cup B)=\frac{3}{4}$$

일 때, $P(B)$의 값은? [3점]

① $\dfrac{1}{3}$ ② $\dfrac{5}{12}$ ③ $\dfrac{1}{2}$ ④ $\dfrac{7}{12}$ ⑤ $\dfrac{2}{3}$

25. $\left(\sqrt{x}+\dfrac{2}{x}\right)^9$ 의 전개식에서 상수항은? [3점]

① 432   ② 492   ③ 552   ④ 612   ⑤ 672

26. 확률변수 X는 평균이 m, 표준편차가 σ인 정규분포를 따르고

$$P(X \leq m+10) = 0.5 + P(20-m \leq X \leq m)$$

을 만족시킨다. 실수 전체의 집합에서 정의된 함수 $F(t)$를

$$F(t) = P(t \leq X \leq t+5)$$

이라 하자. $F(t)$의 최댓값이 0.9876일 때, $m+\sigma$의 값을 오른쪽 표준정규분포표를 이용하여 구한 것은? [3점]

z	$P(0 \leq Z \leq z)$
1.0	0.3413
1.5	0.4332
2.0	0.4772
2.5	0.4938

① 12   ② 13   ③ 14   ④ 15   ⑤ 16

27. 다연이를 포함한 3명의 학생에게 검은색 볼펜 4개, 파란색 볼펜 3개, 빨간색 볼펜 2개를 남김없이 나누어 줄 때, 3가지 색의 볼펜을 각각 한 자루 이상씩 받은 학생이 다연이 뿐이도록 나누어 주는 경우의 수는? (단, 같은 색 볼펜끼리는 서로 구별되지 않고, 볼펜을 받지 못하는 학생이 있을 수 있다.) [3점]

① 144   ② 146   ③ 148   ④ 150   ⑤ 152

28. 1부터 12까지의 자연수 중에서 임의로 서로 다른 3개의 수를 선택한다. 선택한 수의 곱이 6의 배수일 때, 그 수의 합이 3의 배수일 확률은? [4점]

① $\frac{11}{37}$ ② $\frac{12}{37}$ ③ $\frac{13}{37}$ ④ $\frac{14}{37}$ ⑤ $\frac{15}{37}$

29. 갑과 을은 바둑돌을 각각 12개씩 가지고 아래의 규칙으로 가위, 바위, 보를 한다.

> (가) 한 번의 가위, 바위, 보에서 이긴 사람은 상대의
>   바둑돌 2개를 가져온다.
> (나) 비길 경우는 각각 바둑돌을 1개씩 추가한다.

위와 같은 방법으로 가위 바위 보를 여섯 번 할 때, 갑이 18개의 바둑돌을 가지게 될 확률은 $\dfrac{q}{p}$ 이다. 이 때, $p+q$의 값을 구하시오. (단, p와 q는 서로소인 자연수이다.) [4점]

30.

제 2 교시

수학 영역(미적분)

5지선다형

23. $\lim\limits_{n \to \infty} \dfrac{1}{\sqrt{n^2+n} - \sqrt{n^2-2n}}$ 의 값은? [2점]

① $\dfrac{1}{6}$　　② $\dfrac{1}{4}$　　③ $\dfrac{1}{3}$　　④ $\dfrac{1}{2}$　　⑤ $\dfrac{2}{3}$

24. 수열 $\{a_n\}$의 일반항을

$$a_n = \left(3 - \frac{|k|}{2}\right)^n$$

이라 하자. 수열 $\{a_n\}$이 수렴하도록 하는 모든 정수 k의 개수는? [3점]

① 4　　② 8　　③ 12　　④ 16　　⑤ 20

25. 곡선 $y = e^{-x^2}$ $(x>0)$의 변곡점에서의 접선의 기울기는? [3점]

① $-\dfrac{\sqrt{e}}{4}$ ② $-\dfrac{\sqrt{2e}}{e}$ ③ $-\dfrac{\sqrt{3e}}{2e}$ ④ $-\dfrac{\sqrt{e}}{e}$ ⑤ -1

26. 매개변수 t로 나타내어진 곡선

$$x = 3t - \sin t, \; y = 3 - \cos t$$

가 있다. 이 곡선 위의 $t = \theta$에 대응하는 점을 P라 하고, 점 P에서의 접선을 직선 l이라 하자. 점 P를 지나고 직선 l에 수직인 직선이 x축과 만나는 점의 좌표가 $(\pi,\ 0)$일 때, 직선 l의 기울기는? [3점]

① $\dfrac{\sqrt{3}}{5}$ ② $\dfrac{\sqrt{3}}{4}$ ③ $\dfrac{\sqrt{3}}{3}$ ④ $\dfrac{\sqrt{3}}{2}$ ⑤ $\sqrt{3}$

27. 함수 $f(x)=(x^2+ax+5)e^x$이 극값을 갖지 않도록 하는 정수 a의 개수는? [3점]

① 6   ② 7   ③ 8   ④ 9   ⑤ 10

28. 두 수열 $\{a_n\}$, $\{b_n\}$은 모든 자연수 n에 대하여

$$a_n = \frac{(-1)^n}{n}, \quad b_n = \begin{cases} a_n & (a_n \geq a_{n+1}) \\ a_{n+1} & (a_n < a_{n+1}) \end{cases}$$

을 만족시킨다. 모든 자연수 m에 대하여

$$S_m = \lim_{n \to \infty} \sum_{k=1}^{m} \frac{\left(\frac{7}{8}+b_k\right)^{n+1}}{\left(\frac{7}{8}+b_k\right)^{n}+1}$$

이라 하고, $S_m < S_{m+1}$을 만족시키는 m의 최댓값을 p라 할 때, S_p의 값은? [4점]

① $\frac{83}{12}$ ② $\frac{85}{12}$ ③ $\frac{29}{4}$ ④ $\frac{89}{12}$ ⑤ $\frac{91}{12}$

단답형

29. 최고차항의 계수가 3인 이차함수 $f(x)$에 대하여 실수 전체의 집합에서 연속인 함수 $g(x) = f(x) + \dfrac{64}{f(x)}$가 다음 조건을 만족시킨다.

> (가) 함수 $y = g(x)$의 그래프는 y축에 대하여 대칭이다.
> (나) $g'(0) + g'(1) = 0$

$0 < t < 4$인 실수 t에 대하여

함수 $h(t) = \displaystyle\int_0^4 \left| \{f(x)\}^2 + 64 - f(x)g(t) \right| dx$는 $t = \alpha$에서 최솟값을 가질 때, $f(\alpha)$의 값을 구하시오. [4점]

30.

※ 시험이 시작되기 전까지 표지를 넘기지 마시오.

킬러 없는 모의고사 2회 문제지

수학 영역

홀수형

성명 [　　　　]　　수험 번호 [　|　|　|　|　| ― |　|　|　|　]

○ 문제지의 해당란에 성명과 수험번호를 정확히 쓰시오.

○ 답안지의 필적 확인란에 다음의 문구를 정자로 기재하시오.

매일 행복하진 않지만 행복한 일은 매일 있어

○ 답안지의 해당란에 성명과 수험 번호를 쓰고, 또 수험 번호, 문형 (홀수/짝수), 답을 정확히 표시하시오.

○ 단답형 답의 숫자에 '0'이 포함되면 그 '0'도 답란에 반드시 표시하시오.

○ 문항에 따라 배점이 다르니, 각 물음의 끝에 표시된 배점을 참고하시오. 배점은 2점, 3점 또는 4점입니다.

○ 계산은 문제지의 여백을 활용하시오.

※ 시험이 시작되기 전까지 표지를 넘기지 마시오.

킬러 없는 모의고사

제 2 교시

수학 영역

5지선다형

1. $2^{2+\sqrt{3}} \times \left(\dfrac{1}{2}\right)^{-2+\sqrt{3}}$ 의 값은? [2점]

① 1 ② 2 ③ 4 ④ 8 ⑤ 16

2. $\displaystyle\int_0^a (2x-4)\,dx = 32$ 를 만족시키는 모든 실수 a의 값의 합은? [2점]

① 0 ② 1 ③ 2 ④ 3 ⑤ 4

3. $\dfrac{\pi}{2} < \theta < \pi$에 대하여 $\cos^2\theta = \dfrac{7}{16}$일 때, $\sin(\pi+\theta)$의 값은? [3점]

① $-\dfrac{3}{4}$ ② $-\dfrac{1}{4}$ ③ 0 ④ $\dfrac{1}{4}$ ⑤ $\dfrac{3}{4}$

4. 함수 $y=f(x)$의 그래프가 그림과 같다.

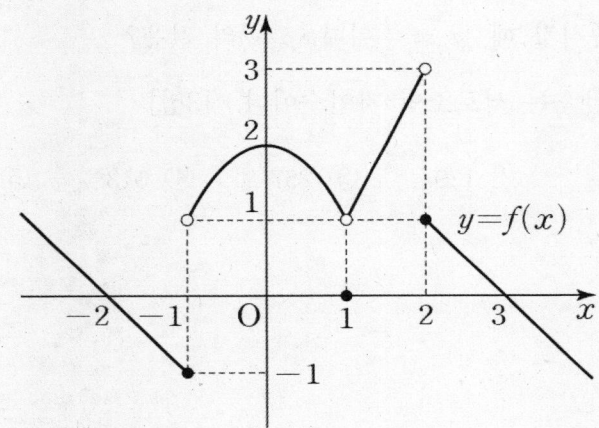

$\displaystyle\lim_{x \to -1+} f(x) + \lim_{x \to 2-} f(x)$의 값은? [3점]

① 1 ② 2 ③ 3 ④ 4 ⑤ 5

5. 함수 $f(x) = x^3 + ax + b$에 대하여 곡선 $y = f(x)$ 위의 점 $(0, f(0))$에서의 접선이 두 점 $(2, 6)$, $(3, b+9)$을 모두 지날 때, $a+b$의 값은? (단, a, b는 상수이다.) [3점]

① 3   ② 6   ③ 9   ④ 12   ⑤ 15

6. 첫째항이 1이고 공비가 양수 r인 등비수열 $\{a_n\}$이

$$\sum_{k=1}^{n} a_{3k-2} + \sum_{k=1}^{n} a_{3k-1} = 6 \sum_{k=1}^{n} a_{3k}$$

를 만족시킬 때, $a_7 = \dfrac{q}{p}$이다. $p+q$의 값은?

(단, p와 q는 서로소인 자연수이다.) [3점]

① 65   ② 129   ③ 257   ④ 513   ⑤ 1025

7. 함수 $y = 2^x$의 그래프를 x축의 방향으로 m만큼 평행이동한 그래프와 $y = \log_2 x + m$의 그래프가 만나는 점의 x좌표가 4일 때, m의 값은? [3점]

① 2   ② $\dfrac{5}{2}$ ③ 3   ④ $\dfrac{7}{2}$ ⑤ 4

8. $f(1)=2$, $f(2)=3$이고 최고차항의 계수가 1인 삼차함수 $f(x)$에 대하여 $f'(x)$가 $x=2$에서 최솟값을 가질 때, $f(3)$의 값은? [3점]

① 4　　② 5　　③ 6　　④ 7　　⑤ 8

9. 함수 $f(x)=\sin 4x$에 대하여 함수 $y=f(x)$의 그래프를 x축의 방향으로 $\dfrac{\pi}{8}$만큼 평행이동한 그래프를 나타내는 함수를 $y=g(x)$라 하자. $0 \le x < \pi$일 때, 방정식 $\{f(x)\}^2 = \dfrac{8}{3}g(x)$를 만족시키는 서로 다른 모든 실수 x에 대하여 $\cos 4x$의 값의 합은?

[4점]

① $-\dfrac{4}{3}$　　② -1　　③ $-\dfrac{2}{3}$　　④ $-\dfrac{1}{3}$　　⑤ 0

10. 첫째항이 정수이고 공차가 자연수인 등차수열 a_n의 첫째항부터 제 n항까지의 합을 S_n이라 하자. $S_p = a_p$를 만족시키는 모든 자연수 p의 값의 합을 m이라 할 때, 다음 조건을 만족시킨다.

(가) $S_p = a_p$를 만족시키는 1이 아닌 자연수 p가 존재한다.

(나) $a_5 = 0$

(다) $S_q \le mq$를 만족시키는 모든 자연수 q의 개수는 m과 같다.

이때, 가능한 모든 a_1의 값의 합은? [4점]

① -144　　② -146　　③ -148　　④ -150　　⑤ -152

11. 다음 조건을 만족시키는 두 자연수 α, β가 존재하도록 하는 모든 자연수 n의 값의 합은? [4점]

(가) $\alpha^{2n} = \beta^{3n} = 2^{120}$
(나) $\alpha\beta \geq 2^{10}$

① 22   ② 27   ③ 32   ④ 37   ⑤ 42

12. 함수 $f(x) = x^3 - 3x^2 + 3x + 1$에 대하여 $y = f'(x)$는 $x = a$에서 최솟값을 갖는다. 이때, $y = f(x)$ 위의 점 $\mathrm{A}(a, f(a))$에서의 접선이 y축과 만나는 점을 $\mathrm{B}(0, b)$라 하고 점 $\mathrm{B}(0, b)$에서 $y = f(x)$에 접선을 그을 때, 점 $\mathrm{A}(a, f(a))$가 아닌 접점을 점 $\mathrm{C}(c, f(c))$라 하자. 이때, 삼각형 ABC의 넓이는? [4점]

① $\dfrac{25}{13}$ ② $\dfrac{25}{16}$ ③ $\dfrac{27}{13}$ ④ $\dfrac{27}{16}$ ⑤ $\dfrac{29}{16}$

13. 그림과 같이 삼각형 ABC의 선분 AB의 중점을 M, 선분 AC를 2 : 1로 내분하는 점을 N이라 하자. 두 선분 CM, BN이 만나는 점을 D라 할 때,

$$\overline{DN}=1,\ \overline{DC}=2,\ \angle NDC=\frac{2}{3}\pi$$

이다. 삼각형 MBD의 외접원의 반지름의 길이는? [4점]

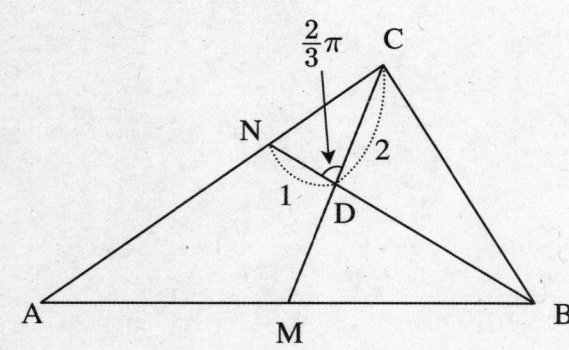

① $\dfrac{\sqrt{57}}{12}$ ② $\dfrac{\sqrt{57}}{6}$ ③ $\dfrac{\sqrt{57}}{4}$ ④ $\dfrac{\sqrt{57}}{3}$ ⑤ $\dfrac{\sqrt{58}}{12}$

14. 집합 $A=\left\{x\ \middle|\ 2\cos^2\dfrac{\pi}{2}x>\sin\dfrac{\pi}{2}x+1\right\}$에 대하여 실수 전체의 집합에서 정의된 함수

$$f(x)=\begin{cases} \cos\pi x & (x\in A) \\ 1-\sin\dfrac{\pi}{2}x & (x\notin A) \end{cases}$$

가 있다. $\displaystyle\sum_{k=1}^{m}kf(2k-1)\geq\sum_{k=1}^{10}kf(2k)$를 만족시키는 자연수 m의 최솟값을 p이라 할 때, $p+f(p)$의 값은? [4점]

① 11 ② 12 ③ 13 ④ 14 ⑤ 15

15.

16. 방정식 $\log_3 x + \log_3 (x-5) = 2\log_3 6$의 실근을 구하시오.

[3점]

17. $\displaystyle\sum_{n=2}^{10} \frac{11}{n^2+2n} = \frac{q}{p}$일 때, $p+q$의 값을 구하시오.

(단, p와 q는 서로소인 자연수이다.) [3점]

18. 첫째항이 각각 $1, 5$인 두 등차수열 $\{a_n\}, \{b_n\}$에 대하여

$$\sum_{n=1}^{10}(a_n+2b_n)=110, \sum_{n=1}^{10}(2a_n-b_n)=195$$

가 성립할 때, $a_{10}+b_{10}$ 의 값을 구하시오. [3점]

19. 함수 $f(x)=\tan\left(\dfrac{a}{2}x+3b\right)$가 다음 조건을 만족시킬 때,

$\dfrac{8\pi}{ab}$의 값을 구하시오. $\left(단, a>0, 0<b<\dfrac{\pi}{6}\right)$ [3점]

> (가) 함수 $f(x)$의 주기는 $\dfrac{3}{4}\pi$이다.
>
> (나) 함수 $y=f(x)$의 그래프와 직선 $x=k$가 만나지 않도록
>
> 하는 양의 실수 k의 최솟값은 $\dfrac{1}{8}\pi$이다.

20. 실수 전체의 집합에서 연속인 함수 $f(x)$가 다음 조건을 만족시킨다.

> (가) $0 \le x \le 2$일 때,
>
> $$f(x)=\begin{cases} -ax(x-1) & (0 \le x \le 1) \\ 2a(x-1)(x-2) & (1 \le x \le 2) \end{cases}$$
>
> (단, $a>0$)
>
> (나) 모든 실수 x에 대하여 $f(x+2)=f(x)$이다.

함수 $g(x)=\displaystyle\int_{x}^{x+2}|f(t)-f(x)|dt$에 대하여 $g\left(\dfrac{5}{2}\right)+g(2)=7$일 때,

$g\left(\dfrac{3}{2}\right)$의 값을 구하시오. [4점]

21. $a>1$인 실수 a와 양수 k에 대하여 두 곡선

$$f(x)=a^x+2,\ g(x)=a^{k-x}-2$$

가 만나는 점을 A라 하자. 곡선 $y=f(x)$가 y축과 만나는 점을 B라 하고, 곡선 $y=g(x)$가 x축과 만나는 점을 C라 하자. 선분 AB를 $2:1$로 외분하는 점이 x축 위에 있고 $\angle BAC=\dfrac{\pi}{2}$일 때, $2k^2$의 값을 구하시오. [4점]

22.

수학 영역(확률과 통계)

5지선다형

23. 확률변수 X가 이항분포 $B\left(n, \dfrac{1}{4}\right)$을 따르고, $E(X)=20$일 때, n의 값은? [2점]

① 5　　② 20　　③ 40　　④ 80　　⑤ 320

24. 한 개의 동전을 4번 던질 때, 앞면이 나오는 횟수와 뒷면이 나오는 횟수가 다를 확률은? [3점]

① $\dfrac{3}{4}$　　② $\dfrac{5}{8}$　　③ $\dfrac{1}{2}$　　④ $\dfrac{3}{8}$　　⑤ $\dfrac{1}{4}$

25. 어느 모집단의 확률변수 X의 확률분포가 다음 표와 같다.

X	-1	0	1	합계
$P(X=x)$	a	b	a	1

이 모집단에서 크기가 2인 표본을 임의추출하여 구한 표본평균 $\overline{X}$에 대하여 $P(\overline{X}=0)=\dfrac{1}{2}$ 일 때, $V(\overline{X})$의 값은? (단, $ab \neq 0$) [3점]

① $\dfrac{1}{8}$ ② $\dfrac{1}{7}$ ③ $\dfrac{1}{6}$ ④ $\dfrac{1}{5}$ ⑤ $\dfrac{1}{4}$

26. 어썸대학교의 신입생 모집에 5000명의 수험생이 지원하였다. 지원한 수험생은 모두 같은 시험을 치렀으며, 시험 성적은 평균이 83점, 표준편차가 3점인 정규분포를 따른다. 이 시험 성적만으로 합격자를 정하였더니 합격자의 최저점수는 89점이었고 동점자는 없었다. 이 모집에서 합격한 학생들 중 확률과 통계를 수강했던 학생 수가 수강하지 않았던 학생의 수의 3배였을 때, 합격한 학생들 중 확률과 통계를 수강했던 학생은 몇 명인지 오른쪽 표준정규분포표를 이용하여 구한 것은? [3점]

z	$P(0 \leq Z \leq z)$
1.0	0.34
1.5	0.43
2.0	0.48
2.5	0.49

① 50   ② 75   ③ 100   ④ 125   ⑤ 150

27. 1부터 10까지의 자연수 중 하나의 수를 택하는 시행에서 두 사건

$$A = \{x \mid x \text{는 } n \text{과 서로소인 } n \text{과 다른 자연수}\}$$

$$B = \{2, 3\}$$

가 서로 독립이 되도록 하는 10 이하의 모든 자연수 n의 값의 합은? [3점]

① 12　　② 13　　③ 14　　④ 15　　⑤ 16

28. 여섯 명이 둘러앉을 수 있는 원 모양의 탁자와 세 학생 A, B, C를 포함한 9명의 학생이 있다. 이 9명의 학생 중에서 A, B, C를 포함하여 6명을 선택하고 이 6명의 학생 모두를 일정한 간격으로 탁자에 둘러앉게 할 때, A, B, C 세 명의 학생이 모두 서로 이웃하게 되는 경우의 수는? (단, 회전하여 일치하는 것은 같은 것으로 본다.) [4점]

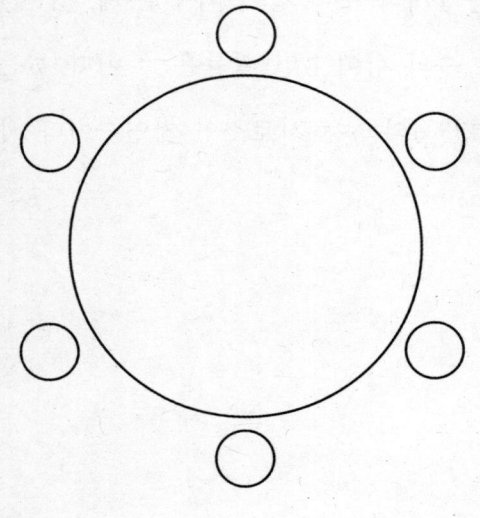

① 630　　② 660　　③ 690　　④ 720　　⑤ 750

단답형

29. 주머니 속에서 숫자 1, 2, 3, 4가 하나씩 적힌 4장의 흰색 카드와 숫자 3, 4, 5, 6이 하나씩 적힌 4장의 검은색 카드가 들어있다. 갑이 이 주머니에서 임의로 2장의 카드를 뽑고 을이 남은 6장의 카드 중에서 임의로 2장의 카드를 뽑는다. 뽑힌 카드에 적힌 4개의 수의 곱이 짝수일 때, 갑이 뽑은 카드에 적힌 2개의 수의 합이 6일 확률은 $\dfrac{q}{p}$이다. $p+q$의 값을 구하시오. (단, p와 q는 서로소인 자연수이다.) [4점]

30.

* 확인 사항
○ 답안지의 해당란에 필요한 내용을 정확히 기입(표기)했는지 확인 하시오.
○ 이어서, 「선택과목(미적분)」 문제가 제시되오니, 자신이 선택 한 과목인지 확인하시오.

제 2 교시

수학 영역(미적분)

5지선다형

23. $\lim\limits_{x \to 0} \dfrac{e^{2x}-1}{3x^2+6x}$ 의 값은? [2점]

① $\dfrac{1}{6}$ ② $\dfrac{1}{3}$ ③ $\dfrac{1}{2}$ ④ $\dfrac{5}{4}$ ⑤ $\dfrac{3}{2}$

24. 함수 $f(x)$의 도함수 $f'(x)$가 $f'(x)=x\sin x$이다.

함수 $y=f(x)$의 그래프가 원점을 지날 때, $f\left(\dfrac{\pi}{2}\right)$의 값은? [3점]

① 1 ② $\dfrac{\pi}{2}$ ③ 3 ④ π ⑤ 4

25. 곡선 $y = xe^{x^2}$과 x축 및 직선 $x = 1$로 둘러싸인 부분의 넓이는? [3점]

① $\dfrac{e-1}{8}$ ② $\dfrac{e+1}{8}$ ③ $\dfrac{e-1}{4}$ ④ $\dfrac{e+1}{4}$ ⑤ $\dfrac{e-1}{2}$

26. 매개변수 $t\,(t > 0)$으로 나타내어진 곡선

$$x = e^{-t}\sin t, \quad y = e^{-t}\cos t$$

에 대하여 $t = 0$에서 $t = k$까지 곡선의 길이가 $\dfrac{3\sqrt{2}}{4}$일 때, 양수 k의 값은? [3점]

① $\ln 3$ ② $\ln 4$ ③ $\ln 5$ ④ $\ln 6$ ⑤ $\ln 7$

27. 실수 전체의 집합에서 이계도함수를 갖는 함수 $f(t)$에 대하여 좌표평면 위를 움직이는 점 P의 시각 t $(t \geq 0)$에서의 위치 (x, y)가

$$\begin{cases} x = f(t) \\ y = 4\sqrt{e^t} \end{cases}$$

이다. 점 P가 점 $(f(0), 4)$로부터 움직인 거리가 s가 될 때 시각 t와 거리 s는 $\ln|s - t + 1| = t$를 만족한다. $t = 2$일 때 점 P의 속도는 $(1 - e^2, 2e)$이다. 시각 $t = 4$일 때, 점 P의 가속도를 (a, b)라 할 때, ab의 값은? [3점]

① $-e^6$　② $-e^7$　③ $-e^8$　④ $-e^9$　⑤ $-e^{10}$

28. 모든 자연수 n에 대하여 수열 $\{a_n\}$은

$$a_{n+1} = \begin{cases} a_n + p & (a_n \leq 0) \\ -\dfrac{1}{2} a_n & (a_n > 0) \end{cases}$$

이고, $a_2 = -2$, $a_3 + a_5 = \dfrac{7}{2}$이다.

$$\sum_{n=1}^{\infty} (a_{2n-1} - 2) = -2 \sum_{n=1}^{\infty} (a_{2n} + 1)$$

일 때, $p \times a_1 \times a_5$의 값은? [4점]

① 24　② 26　③ 28　④ 30　⑤ 32

4

수학 영역(미적분)

단답형

29. 양수 a에 대하여 함수 $f(x)$를

$$f(x) = \begin{cases} -x^2 + ax & (x \le 0) \\ \dfrac{2\ln x}{x} & (x > 0) \end{cases}$$

라 하자. 임의의 양수 t에 대하여 x에 대한 방정식 $xf(t) = tf(x)$의 서로 다른 실근의 개수를 $g(t)$라 하자. $g(k) < \lim\limits_{t \to k-} g(t)$를 만족시키는 양수 k가 오직 하나 존재할 때, ak^2의 최솟값을 구하시오. $\left(\text{단, } \lim\limits_{x \to \infty} \dfrac{\ln x}{x} = 0 \text{이다.}\right)$ [4점]

30.

* 확인 사항

○ 답안지의 해당란에 필요한 내용을 정확히 기입(표기)했는지 확인하시오.

킬러 없는 모의고사 3회 문제지

수학 영역

홀수형

성명 [   ] 수험 번호 [—   ]

○ 문제지의 해당란에 성명과 수험번호를 정확히 쓰시오.

○ 답안지의 필적 확인란에 다음의 문구를 정자로 기재하시오.

가장 넓은 길은 언제나 내 마음속에 있다

○ 답안지의 해당란에 성명과 수험 번호를 쓰고, 또 수험 번호, 문형 (홀수/짝수), 답을 정확히 표시하시오.

○ 단답형 답의 숫자에 '0'이 포함되면 그 '0'도 답란에 반드시 표시하시오.

○ 문항에 따라 배점이 다르니, 각 물음의 끝에 표시된 배점을 참고하시오. 배점은 2점, 3점 또는 4점입니다.

○ 계산은 문제지의 여백을 활용하시오.

※ 공통 과목 및 자신이 선택한 과목의 문제지를 확인하고, 답을 정확히 표시하시오.

※ 시험이 시작되기 전까지 표지를 넘기지 마시오.

킬러 없는 모의고사

수학 영역

제 2 교시

5지선다형

1. $\log_2 3 \times \log_9 4 \times 2^{\log_2 3}$의 값은? [2점]

① 3　　② 6　　③ 9　　④ 12　　⑤ 15

2. 함수 $f(x) = x^4 + 4x^2 + 5$에 대하여 $f'(1)$의 값은? [2점]

① 8　　② 10　　③ 12　　④ 14　　⑤ 16

3. 모든 항이 양수인 등비수열 $\{a_n\}$에 대하여

$$a_6 = 9a_4, \quad a_3 + 8 = a_5$$

일 때, a_1의 값은? [3점]

① $\dfrac{1}{9}$　　② $\dfrac{1}{6}$　　③ $\dfrac{2}{9}$　　④ $\dfrac{5}{18}$　　⑤ $\dfrac{1}{3}$

4. 함수 $y = f(x)$의 그래프가 그림과 같다.

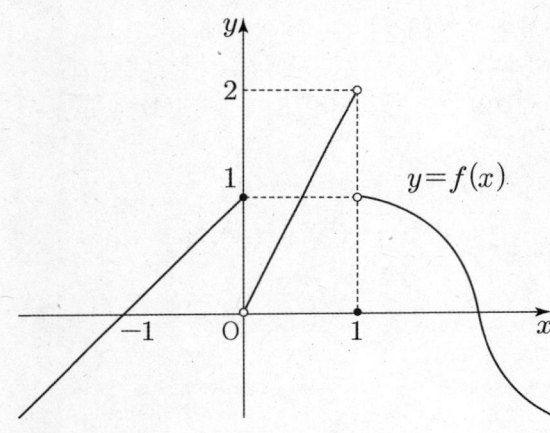

$\lim\limits_{x \to 0+} f(x) + \lim\limits_{x \to 1-} f(x)$의 값은? [3점]

① -1　　② 0　　③ 1　　④ 2　　⑤ 3

5. $\cos\theta = \dfrac{3}{5}$ 일 때, $\sin\left(\dfrac{\pi}{2}+\theta\right)+\cos(2\pi-\theta)$의 값은? [3점]

① $\dfrac{2}{5}$ ② $\dfrac{3}{5}$ ③ $\dfrac{4}{5}$ ④ 1 ⑤ $\dfrac{6}{5}$

6. $f(2)=1$, $f'(2)=2$인 다항함수 $f(x)$에 대하여 함수 $g(x)$를

$$g(x)=(x^2-3x)f(x)$$

라 하자. 함수 $y=g(x)$의 그래프 위의 점 $(2, g(2))$에서의 접선의 y절편은? [3점]

① 1 ② 2 ③ 3 ④ 4 ⑤ 5

7. $\displaystyle\sum_{k=1}^{15}\dfrac{a}{(2k+1)(2k+3)}=\dfrac{5}{3}$ 일 때, 상수 a의 값은? [3점]

① 5 ② 7 ③ 9 ④ 11 ⑤ 13

8. 삼차함수 $f(x)$가

$$\lim_{x \to 2} \frac{f(x)}{x^2-4}=1, \quad \lim_{x \to 1} \frac{f(x)}{|x-1|}=k$$

을 만족시킬 때, $f(3)+k$의 값은? [3점]

① 12   ② 14   ③ 16   ④ 18   ⑤ 20

9. 최고차항의 계수가 양수인 다항함수 $f(x)$가 모든 실수 x에 대하여

$$f(3x+1)-f(1)=3x\int_x^{x+2}(at^3+1)dt$$

를 만족시킨다. $f'(1)=18$ 일 때, 상수 a 의 값은? [4점]

① 4   ② 5   ③ 6   ④ 7   ⑤ 8

10. $0 \leq x \leq 2\pi$에서 x에 대한 방정식

$$\cos^2 x - 2k\cos x + k = 0$$

의 서로 다른 실근의 개수가 4인 상수 k의 값의 범위는 $\alpha < k < \beta$일 때, $\alpha+\beta$의 값은? [4점]

① -1 ② $-\frac{1}{3}$ ③ $\frac{1}{3}$ ④ 1 ⑤ $\frac{5}{3}$

11. 공차가 $d(d>0)$인 등차수열 $\{a_n\}$에 대하여 함수 $f(x)$를 $f(x)=(x-a_2)(x-a_3)(x-a_4)$이라 하자. 자연수 x에 대하여 정의된 함수 $g(x)$가

$$g(x)=\sum_{k=1}^{x}\left(\lim_{t\to a_k}\frac{f(t)-f(a_k)}{t-a_k}\right)$$

이다. $g(5)=625$일 때, $g(d+1)-d^2$의 값은? [4점]

① 1050 ② 1150 ③ 1250 ④ 1350 ⑤ 1450

12. 함수 $f(x)=x^3-3x^2$와 모든 자연수 n에 대하여 함수 $g(x)$는

$$g(x)=3^{n-1}|f'(x-2n)|\,(2n\le x\le 2(n+1))$$

이다. $\displaystyle\int_2^t g(x)dx=34$를 만족시키는 실수 t의 값은? (단, $t\ge 2$)

[4점]

① 6 ② $6+\sqrt{2}$ ③ 7
④ $7+\sqrt{2}$ ⑤ 8

13. 그림과 같이 $\overline{BC}=9$인 삼각형 ABC의 내접원과 두 변 BC, CA의 접점을 각각 P, Q라 하고, 선분 BQ가 내접원과 만나는 점 중 점 Q가 아닌 점을 R라 하자.

$$\overline{BC}=3\overline{QC},\ \cos(\angle RPQ-\angle RBP)=\frac{3}{5}$$

일 때, 삼각형 BPR의 넓이는? [4점]

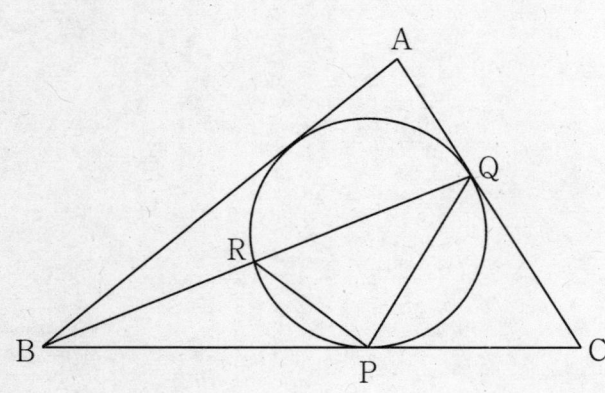

① 4 ② $\dfrac{9}{2}$ ③ 5 ④ $\dfrac{11}{2}$ ⑤ 6

14. 최고차항의 계수가 1인 사차함수 $f(x)$와 실수 t에 대하여 함수

$$g(x)=\begin{cases} -f(x) & (x<t) \\ f(x) & (x\geq t) \end{cases}$$

는 실수 전체의 집합에서 연속이고 다음 조건을 만족시킨다.

(가) 모든 실수 a에 대하여 $\displaystyle\lim_{x\to a}\frac{g(x)}{x^2(x-2)}$의 값이 존재한다.

(나) $\displaystyle\lim_{x\to m+}\frac{g(x)}{x^2(x-2)}<0$을 만족시키는 모든 자연수 m의 값의 합은 9이다.

$g(6)$의 값은? [4점]

① 144 ② 146 ③ 148 ④ 150 ⑤ 160

15.

단답형

16. 부등식 $\log_3(x-4) < 4\log_9 4$ 를 만족시키는 자연수 x의 개수를 구하시오. [3점]

17. $\lim_{x \to 1} \dfrac{f(x)}{x^3-1} = 3$ 일 때, $\lim_{x \to 1} \dfrac{f(x)-x^2+1}{x-1}$ 의 값을 구하시오.

[3점]

18. 다항함수 $f(x)$가 모든 실수 x에 대하여

$$\int_{-2}^{x} f(t)dt = x^4 - 3ax^2 + bx$$

를 만족시킨다. $f(1) = 0$일 때, $\int_{a}^{b} f(x)dx$의 값을 구하시오.
(단, a, b는 상수이다.) [3점]

19. $0 \le x \le 2\pi$에서 정의된 두 함수

$$y = 2\sin^2 x, \ y = 3\cos x$$

의 그래프가 만나는 두 점을 각각 A, B라 하자.
삼각형 OAB의 넓이를 S라 할 때, $60 \times \dfrac{S}{\pi}$의 값을 구하시오.
(단, O는 원점이다.) [3점]

20. 최고차항의 계수가 4인 삼차함수 $f(x)$와 상수 k에 대하여
함수 $g(x)$를

$$g(x) = \int_{0}^{x} \{f(t) + f'(t)\}dt$$

라 하자. 실수 s에 대하여 함수 $h(s)$를

$$h(s) = \lim_{\delta \to 0+} \frac{|g(s+\delta)| - |g(s-\delta)|}{2\delta}$$

라 할 때, 함수 $f(x)$와 $h(s)$는 다음 조건을 만족시킨다.

(가) $f(x)$의 이차항의 계수는 -12이고, 일차항의 계수는
0이며, 상수항은 k이다.

(나) 함수 $h(s)$가 $s = \alpha$에서 불연속인 실수 α의 개수는 4이다.

(다) 함수 $h(s)$가 불연속인 모든 s의 값 중 0이 아닌 값들의
곱은 -15이다.

이때, 상수 k의 값을 구하시오. [4점]

21. 그림과 같이 $a>1$인 상수 a에 대하여 곡선 $y=a^x$ 위에 두 점 P, Q가 있다. 직선 PQ가 y축과 만나는 점을 A, 두 점 P, Q를 지나며 기울기가 1인 두 직선이 y축과 만나는 점을 각각 B, C라 하자. $\overline{CQ}=3\overline{BP}$, $3\overline{OA}=2\overline{OB}$이고 직선 PC의 기울기가 -9일 때, $2\overline{OC}$의 값을 구하시오. (단, O는 원점이다.) [4점]

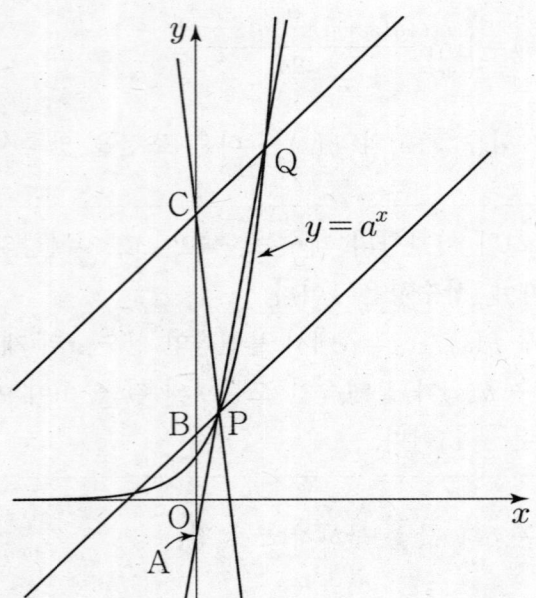

22.

수학 영역(확률과 통계)

제 2 교시

5지선다형

23. 이항분포 $B\left(n, \dfrac{1}{2}\right)$ 을 따르는 확률변수 X에 대하여

$V(4X+3)=64$ 일 때, n의 값은? [2점]

① 8   ② 12   ③ 16   ④ 20   ⑤ 24

24. 두 사건 A, B에 대하여

$$P(A \cup B)=\frac{2}{3},\ P(A \cap B^C)=\frac{1}{4}$$

일 때, $P(B)$의 값은? (단, B^C는 B의 여사건이다.) [3점]

① 8   ② $\dfrac{5}{12}$ ③ $\dfrac{1}{2}$ ④ $\dfrac{7}{12}$ ⑤ $\dfrac{2}{3}$

25. 다항식 $(3x^2+1)+(3x^2+1)^2+(3x^2+1)^3+\cdots+(3x^2+1)^{10}$ 의 전개식에서 x^2 의 계수는? [3점]

① 150 ② 155 ③ 160 ④ 165 ⑤ 170

26. 1학년 학생 2명, 2학년 학생 4명, 3학년 학생 2명이 일정한 간격을 두고 원형의 탁자에 모두 둘러앉을 때, 3학년 학생 2명 사이에는 각각 3명의 학생이 앉고 2학년 학생 4명은 서로 이웃하지 않도록 앉은 경우의 수는?
(단, 회전하여 일치하는 것은 같은 것으로 본다.) [3점]

① 24 ② 30 ③ 36 ④ 42 ⑤ 48

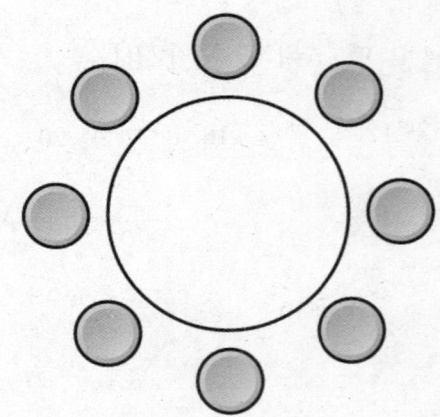

27. 한 개의 주사위를 세 번 던져서 나오는 눈의 수를 차례로 a, b, c라 할 때, $ab \geq c$가 성립할 확률은? [3점]

① 24 ② $\dfrac{3}{4}$ ③ $\dfrac{13}{16}$ ④ $\dfrac{7}{8}$ ⑤ $\dfrac{15}{16}$

28. 한 변의 길이가 2인 정육각형 $A_1A_2A_3A_4A_5A_6$이 있다. 한 개의 주사위를 세 번 던져 나오는 눈의 수를 순서대로 i, j, k라 하자. 삼각형 $A_iA_jA_k$의 넓이를 구하는 시행을 반복할 때, n번째 시행에서 구한 삼각형의 넓이를 a_n이라 하자. $a_1+a_2=4\sqrt{3}$일 때, $a_1=a_2$일 확률을 $\dfrac{q}{p}$라 하자. $p+q$의 값을 구하시오. (단, p와 q는 서로소인 자연수이고, $(i-j)(j-k)(k-i)=0$일 때, $a_n=0$이다.) [4점]

① 13 ② 14 ③ 15 ④ 16 ⑤ 17

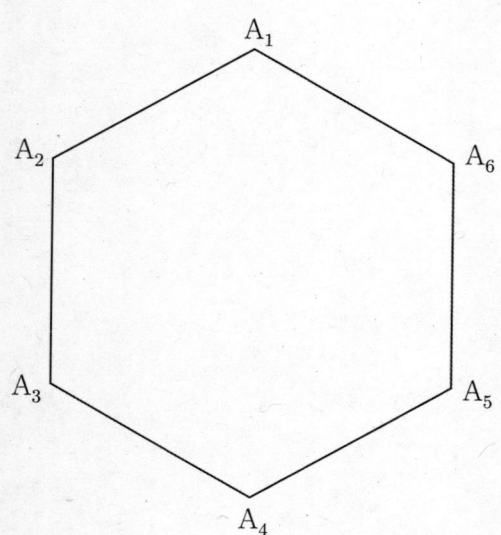

단답형

29. 집합 $X = \{1, 2, 3, 4, 5\}$에 대하여 다음 조건을 만족시키는 함수 $f : X \rightarrow X$ 의 개수를 구하시오. [4점]

(가) $f(2) + f(3)$의 값은 소수이다.

(나) 집합 X의 모든 원소 x에 대하여
$f(x) \geq \sqrt{x}$ 이다.

(다) 함수 f의 치역의 원소의 개수는 3이다.

30.

---

* 확인 사항

o 답안지의 해당란에 필요한 내용을 정확히 기입(표기)했는지 확인하시오.

o 이어서, 「**선택과목(미적분)**」 문제가 제시되오니, 자신이 선택한 과목인지 확인하시오.

수학 영역(미적분)

5지선다형

23. $\displaystyle\int_0^1 xe^x\,dx$의 값은? [2점]

① $\dfrac{1}{e^2}$　　② $\dfrac{1}{e}$　　③ 1　　④ e　　⑤ e^2

24. 두 수열 $\{a_n\}$, $\{b_n\}$에 대하여

$$\lim_{n\to\infty}(a_n+2b_n)=\lim_{n\to\infty}\frac{\sqrt{9n^2+4n}+n}{2n+1},$$

$$\sum_{n=1}^{\infty}(3a_n+b_n-6)=2024$$

일 때, $\displaystyle\lim_{n\to\infty}(a_n+b_n)$의 값은? [3점]

① 2　　② 3　　③ 4　　④ 5　　⑤ 6

25. 곡선 $x^3 - xy = 6$ 위의 점 $(a, 1)$에서의 접선의 기울기가 b일 때, ab의 값은? [3점]

① 5   ② 7   ③ 9   ④ 11   ⑤ 13

26. 그림과 같이 곡선 $y = \dfrac{\ln(x+e)}{\sqrt{x+e}}$ 와 x축, y축 및

직선 $x = e^4 - e$로 둘러싸인 부분을 밑면으로 하고 x축에 수직인 평면으로 자른 단면이 모두 정사각형인 입체도형의 부피는? [3점]

① 9   ② 12   ③ 15   ④ 18   ⑤ 21

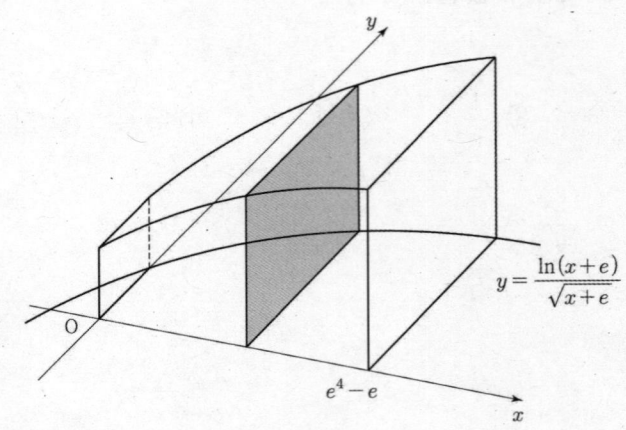

27. 점 $P(1, 0)$에서 곡선 $y = x^2 + t\,(t > 0)$에 그은 두 접선의 접점을 각각 A, B라 하고 삼각형 PAB의 외접원의 넓이를 $S(t)$라 하자. $\lim\limits_{t \to \infty} \dfrac{S(t)}{t^2} = k\pi$일 때, 상수 k의 값은? [3점]

① 3　　② 4　　③ 5　　④ 6　　⑤ 7

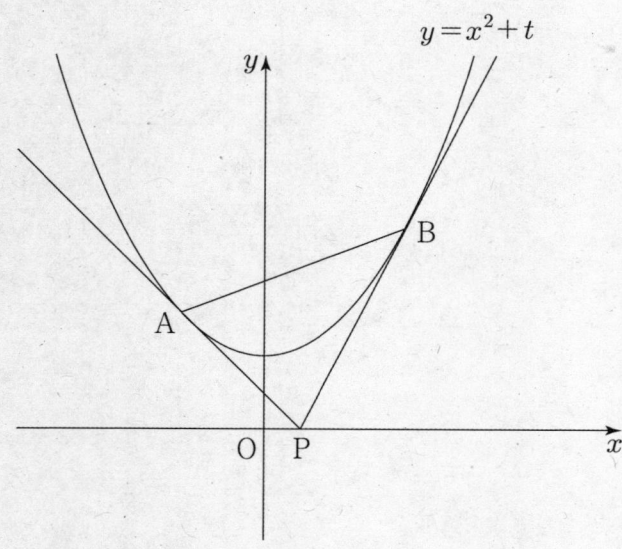

28. 양의 실수 전체의 집합에서 미분가능한 함수 $f(x)$와 $f(x)$의 역함수 $g(x)$가 다음 조건을 만족시킬 때, $\displaystyle\int_1^4 \{g(x)\}^3\,dx$의 값은? [4점]

(가) $x > 0$일 때 $f'(x) > 0$

(나) $f'(1) = 2f(1)$

(다) $t > 0$인 모든 실수 t에 대하여
$$\int_1^t f(x)\{3x^2 - f(x)\}\,dx = \int_{f(1)}^{f(t)} \{g(x)\}^3\,dx$$

① $\dfrac{56}{5}$　　② $\dfrac{59}{5}$　　③ $\dfrac{62}{5}$　　④ 13　　⑤ $\dfrac{68}{5}$

29. 양수 $t\,(0 < t < 1)$에 대하여 함수 $f(x) = \ln(x^2 + 1)$ 위의 점 $P(t, f(t))$에서의 접선을 $g(x)$라 하자. 양의 실수 전체의 집합에서 정의된 함수 $f(x) - g(x)$의 최댓값을 $h(t)$라 할 때, $100\left(h'\left(\dfrac{1}{2}\right) + 4\right)$의 값을 구하시오. [4점]

30.

킬러 없는 모의고사 4회 문제지

수학 영역

홀수형

| 성명 | | 수험 번호 | | | | | | — | | | | |

○ 문제지의 해당란에 성명과 수험번호를 정확히 쓰시오.

○ 답안지의 필적 확인란에 다음의 문구를 정자로 기재하시오.

수고했어 이제 너의 시간이야

○ 답안지의 해당란에 성명과 수험 번호를 쓰고, 또 수험 번호, 문형 (홀수/짝수), 답을 정확히 표시하시오.

○ 단답형 답의 숫자에 '0'이 포함되면 그 '0'도 답란에 반드시 표시하시오.

○ 문항에 따라 배점이 다르니, 각 물음의 끝에 표시된 배점을 참고하시오. 배점은 2점, 3점 또는 4점입니다.

○ 계산은 문제지의 여백을 활용하시오.

※ 시험이 시작되기 전까지 표지를 넘기지 마시오.

킬러 없는 모의고사

수학 영역

5지선다형

1. $\sqrt[3]{4} \times \sqrt[12]{16}$ 의 값은? [2점]

① $\sqrt{2}$　　② 2　　③ $2\sqrt{2}$　　④ 4　　⑤ $4\sqrt{2}$

2. $\cos\theta = \dfrac{1}{3}$ 일 때, $\sin\left(\dfrac{7}{2}\pi + \theta\right)$의 값은? [2점]

① -1　② $-\dfrac{2\sqrt{2}}{3}$　③ $-\dfrac{1}{3}$　④ $\dfrac{1}{3}$　⑤ $\dfrac{2\sqrt{2}}{3}$

3. $\displaystyle\int_{-2}^{2}(x^3 + 3x^2 + 5x - 3)\,dx$ 의 값은? [3점]

① 1　　② 2　　③ 3　　④ 4　　⑤ 5

4. 다항함수 $f(x)$에 대하여 곡선 $y = x^2 f(x)$ 위의 점 $(2,\ 8)$에서의 접선의 기울기가 4일 때, 곡선 $y = f(x)$ 위의 점 $(2,\ f(2))$에서의 접선의 y절편은? [3점]

① 1　　② 2　　③ 3　　④ 4　　⑤ 5

5. 등비수열 $\{a_n\}$ 에 대하여

$$a_2 = \frac{1}{3}, \quad a_3 - a_4 = \frac{1}{12}$$

일 때, a_1 의 값은? [3점]

① $\frac{1}{4}$　　② $\frac{1}{3}$　　③ $\frac{2}{3}$　　④ $\frac{3}{4}$　　⑤ $\frac{5}{6}$

6. $\int_1^4 \left(\frac{7}{2}x^2 - x \right) dx + \int_4^1 \left(\frac{1}{2}x^2 - x \right) dx$ 의 값은? [3점]

① 57　　② 60　　③ 63　　④ 66　　⑤ 69

7. $-\frac{\pi}{2} \le x \le \frac{\pi}{2}$ 에서 정의된 함수 $f(x) = 2 - 3\sin 2x$ 가

$x = a$ 에서 최댓값을 갖고 $x = b$ 에서 최솟값을 가질 때,
곡선 $y = f(x)$ 위의 두 점 $(a, f(a))$, $(b, f(b))$ 를 지나는 직선의
기울기는? [3점]

① $-\frac{2}{\pi}$　　② $-\frac{3}{\pi}$　　③ $-\frac{4}{\pi}$　　④ $-\frac{6}{\pi}$　　⑤ $-\frac{12}{\pi}$

8. 수직선 위를 움직이는 점 P의 시각 t $(t \geq 0)$에서의 위치 $x(t)$가

$$x(t) = t^3 - t^2 - 4t$$

이다. 점 P의 속도가 4가 되는 시각에서의 점 P의 가속도는?
[3점]

① 10　　② 12　　③ 14　　④ 16　　⑤ 18

9. 두 자연수 a, b에 대하여 함수 $f(x) = (x-a)(x-b)$가 다음 조건을 만족시킬 때, $a+b$의 값은? [4점]

---

2 ≤ n ≤ 10인 자연수 n에 대하여 $f(n)$의 n제곱근 중 양의 실수가 존재하도록 하는 모든 n의 값의 합은 32이다.

---

① 11　　② 13　　③ 15　　④ 17　　⑤ 19

10. 최고차항의 계수가 1인 삼차함수 $f(x)$와 자연수 k에 대하여 함수

$$g(x) = \begin{cases} \dfrac{(x-2)^k}{f(x)} & (x < 2) \\ f(x) - 2 & (x \geq 2) \end{cases}$$

가 실수 전체의 집합에서 연속일 때, $f(0)$의 값은? [4점]

① -10　　② -8　　③ -6　　④ -4　　⑤ -2

11. 다음 조건을 만족시키는 공차가 $d\ (d \neq 0)$인 등차수열 $\{a_n\}$에 대하여 모든 $p+q$의 값의 합은? (단, p, q는 자연수이다.) [4점]

> (가) $|a_1|+|a_2|=2d$, $|a_1|+|a_5|=4d$
>
> (나) $a_p+5a_q=0$

① 6   ② 9   ③ 12   ④ 15   ⑤ 18

12. 그림과 같이 $\overline{AC}=3\sqrt{2}$, $\overline{BC}=4$, $\angle ACB = \dfrac{\pi}{4}$인 원에 내접하는 사각형 ABCD가 있다. $\angle BAD = \alpha$라 할 때, $\tan \alpha = -3$을 만족시킨다. 점 C에서 선분 AD의 연장선 위에 내린 수선의 발을 E라 하자. 삼각형 CDE의 넓이는?

$\left(\text{단, } \alpha > \dfrac{\pi}{2}\right)$ [4점]

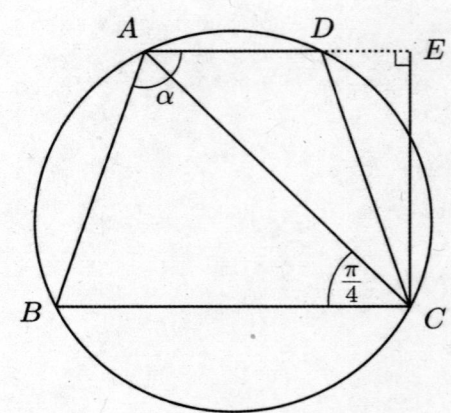

① $\dfrac{1}{2}$ ② $\dfrac{3}{2}$ ③ $\dfrac{5}{2}$ ④ $\dfrac{7}{2}$ ⑤ $\dfrac{9}{2}$

13. 양의 상수 a, b 와 실수 전체의 집합에서 정의된 함수 $f(x)$가 다음 조건을 만족시킨다.

> (가) $0 \leq x < 5$에서 $f(x) = \dfrac{50x}{x+a}$이고, 모든 실수 x에 대하여 $f(x) = f(x-5) + b$이다.
>
> (나) 모든 실수 k에 대하여 x에 대한 방정식 $f(x) = k$는 오직 하나의 실근을 갖는다.

$\lim\limits_{x \to \infty} \dfrac{f(x)}{x} = 2$ 일 때, $a + b$의 값은? [4점]

① 28 　　② 29 　　③ 30 　　④ 31 　　⑤ 32

14. $-8 \leq a \leq 8$인 정수 a와 정수 b에 대하여 $0 \leq x \leq 2\pi$에서 정의된 두 함수

$$f(x) = a \sin bx, \ g(x) = a \cos bx$$

가 있다. 다음 조건을 만족시키도록 하는 모든 순서쌍 (a, b)에 대하여 $a + b$의 최댓값은? [4점]

> (가) $0 \leq x \leq 2\pi$에서 방정식 $f(x) = 4$의 서로 다른 실근의 개수는 8이다.
>
> (나) $y = f(x)$와 $y = g(x)$의 교점의 x좌표를 작은 수부터 크기순으로 나열한 것을 $x_1, x_2, x_3, \cdots, x_n$이라 하자. 자연수 k에 대하여 $\dfrac{k\pi}{2|b|} < x_{2k-1} < \dfrac{k\pi}{|b|}$이고, $x_{2k-1} < t < x_{2k}$를 만족하는 실수 t에 대하여 $f(t) > g(t)$가 성립한다.

① 1 　　② 2 　　③ 3 　　④ 4 　　⑤ 5

15.

16. 방정식

$$4^{x+1} - 7 \times 2^x - 2 = 0$$

을 만족시키는 실수 x의 값을 구하시오. [3점]

17. 다항함수 $f(x)$에 대하여 $f(3) = 2$, $f'(3) = 4$일 때, 곡선 $y = xf(x)$ 위의 점 $(3, 3f(3))$에서의 접선의 기울기를 구하시오.

[3점]

18. 수직선 위를 움직이는 점 P의 시각 $t(t \geq 0)$에서의 속도 $v(t)$가

$$v(t) = -3t^2 + at + 2$$

이다. 시각 $t = 0$ 에서 $t = 2$ 까지 점 P의 위치의 변화량이 -2 일 때, 시각 $t = 0$ 에서 $t = 2$ 까지 점 P가 움직인 거리를 구하시오. (단, a 는 상수이다.) [3점]

19. 모든 항이 양수인 수열 $\{a_n\}$이 모든 자연수 n에 대하여

$$a_{n+1} = \sum_{k=1}^{n} (k+1)a_k$$

를 만족시킨다. $\dfrac{a_6}{a_3}$의 값을 구하시오. [3점]

20. 최고차항의 계수가 1인 사차함수 $f(x)$와 실수 a에 대하여 함수 $g(x)$를

$$g(x) = |f(x-a)| \times \left| \lim_{h \to 0} \frac{f(x+h) - f(x)}{h} \right|$$

라 하자. 두 함수 $f(x)$, $g(x)$가 다음 조건을 만족시킨다.

(가) 두 방정식 $f(x) = 0$과 $f'(x) = 0$은 서로 다른 두 실근을 갖고 $f'(0) = f'(3) = 0$이다.

(나) 함수 $g(x)$는 실수 전체의 집합에서 미분가능하다.

(다) $|f(x)|$는 한 점에서만 미분불가능하다.

이때, 가능한 모든 $g(1)$의 값의 합을 구하시오. [4점]

21. 두 자연수 a, b에 대하여 함수 $f(x)$를 다음과 같이 정의하자.

$$f(x) = \begin{cases} 3^{x+a} + b \ (x < 0) \\ 12 - \log_2(x+1) \ (x \geq 0) \end{cases}$$

실수 k에 대하여 집합 $\{f(x) | x \leq k\}$의 원소 중 정수인 것의 개수를 $g(k)$라 하자. 이 때, $g(k) = 3 \ (0 \leq k < 7)$을 만족시키는 a, b 에 대하여 $a + b$의 값을 구하시오. [4점]

22.

제 2 교시

수학 영역(확률과 통계)

5지선다형

23. $\left(x+\dfrac{2}{x}\right)^4$ 의 전개식에서 x^2 의 계수는? [2점]

   ① 8   ② 12   ③ 16   ④ 20   ⑤ 24

24. 두 사건 A, B가 서로 배반사건이고

$$P(A)=\frac{1}{12}, \ P(A \cup B)=\frac{3}{4}$$

일 때, $P(B)$의 값은? [3점]

   ① $\dfrac{1}{3}$ ② $\dfrac{5}{12}$ ③ $\dfrac{1}{2}$ ④ $\dfrac{7}{12}$ ⑤ $\dfrac{2}{3}$

25. 이산확률변수 X의 확률분포를 표로 나타내면 다음과 같다.

X	0	1	a	합계
$P(X=x)$	$\dfrac{3}{10}$	$\dfrac{1}{5}$	$\dfrac{1}{2}$	1

$E(X^2)=E(X)+6$일 때, a의 값은? (단, $a>1$) [3점]

① $\dfrac{5}{2}$ ② 3   ③ $\dfrac{7}{2}$ ④ 4   ⑤ $\dfrac{9}{2}$

26. 7개의 영문자 S, T, U, D, E, N, T를 일렬로 나열할 때, S, D, E가 모두 이웃하도록 배열하는 경우의 수는? [3점]

① 240   ② 360   ③ 480   ④ 600   ⑤ 720

27. 어느 고등학교에서 각 과목별로 개설된 동영상 강의의 수가 수학 4개, 국어 3개, 과학 1개, 사회 1개이고 모든 학생들은 5개의 강의를 신청해야 한다. 한 학생이 3개의 수학 강의와 1개 이상의 국어 강의를 신청했을 확률은? (각 강의는 모두 서로 다른 강의이며 중복하여 신청할 수 없다.) [3점]

① $\dfrac{2}{7}$ ② $\dfrac{3}{7}$ ③ $\dfrac{4}{7}$ ④ $\dfrac{5}{7}$ ⑤ $\dfrac{6}{7}$

28. 상자 안에 빨간 공 2개와 파란 공 8개가 들어 있다. 상자에서 임의로 공을 한 개 꺼내어 색깔을 확인하고 다시 넣는 시행을 n번 반복할 때, 나온 빨간 공의 개수의 평균을 확률변수 $\overline{X}$라 하자. $\mathrm{P}(0.12 \leq \overline{X} \leq 0.28) \geq 0.95$가 성립하도록 하는 n의 최솟값을 오른쪽 표준정규분포표를 이용하여 구한 것은? [4점]

z	$\mathrm{P}(0 \leq Z \leq z)$
0.98	0.3365
1.47	0.4292
1.96	0.4750
2.25	0.4878

① 94 ② 97 ③ 100 ④ 103 ⑤ 106

단답형

29. 1부터 8까지의 자연수가 하나씩 적혀 있는 8장의 카드에서 임의로 한 장의 카드를 뽑을 때, 소수가 적혀 있는 카드를 뽑는 사건을 A라 하자. 다음 조건을 만족시키는 사건 B의 개수를 a_n이라 할 때, $\sum_{n=1}^{8} a_n$ 의 값을 구하시오. [4점]

> (가) 두 사건 A와 B는 서로 독립이다.
> (나) $n(B)=n$

30.

수학 영역(미적분)

5지선다형

23. $\lim\limits_{n\to\infty}\dfrac{3n^2}{2n^2+n}$ 의 값은? [2점]

① $\dfrac{1}{2}$　　② 1　　③ $\dfrac{3}{2}$　　④ 2　　⑤ $\dfrac{5}{2}$

24. $x>0$ 에서 정의되고 미분가능한 함수 $f(x)$ 에 대하여

$$f'(x)=\begin{cases} \dfrac{1}{x} & (0<x<1) \\[2mm] \sqrt{x} & (x>1) \end{cases}$$

일 때, $3\times\left\{f(e^2)-f\left(\dfrac{1}{e^2}\right)\right\}$ 의 값은? [3점]

① $2e^3+1$　　② $2e^3+2$　　③ $2e^3+3$

④ $2e^3+4$　　⑤ $2e^3+5$

25. 함수 $f(x) = \dfrac{4^x}{2\ln 2}$ 과 실수 전체의 집합에서 미분가능한 함수 $g(x)$가

$$g'(1) = 3, \quad \lim_{h \to 0} \frac{f(g(1+2h)) - f(g(1))}{h} = 24$$

를 만족시킬때, $g(1)$의 값은? [3점]

① 1   ② 2   ③ 3   ④ 4   ⑤ 5

26. $0 \le x \le 6$에서 정의된 함수

$$f(x) = \int_0^x (t^2 - at)e^t dt$$

가 $x = 4$에서 최솟값을 가질 때, 함수 $f(x)$의 최댓값은? (단, $a \ne 0$)
[3점]

① $6(e^6 - 3)$ ② $6(e^6 - 2)$ ③ $6(e^6 - 1)$

④ $6e^6$ ⑤ $6(e^6 + 1)$

27. $x \geq 0$ 에서 정의된 함수 $f(x)=2\sqrt{x}\,(x^2+5)^{\frac{1}{4}}$ 에 대하여, 곡선 $y=f(x)$와 x축 및 두 직선 $x=2$, $x=\sqrt{11}$로 둘러싸인 부분을 밑면으로 하는 입체도형이 있다. 이 입체도형을 x축에 수직인 평면으로 자른 단면이 모두 정삼각형일 때, 이 입체도형의 부피는? [3점]

① $\dfrac{37}{3}\sqrt{3}$ ② $\dfrac{35}{3}\sqrt{3}$ ③ $11\sqrt{3}$ ④ $\dfrac{31}{3}\sqrt{3}$ ⑤ $\dfrac{29}{3}\sqrt{3}$

28. 실수 전체의 집합에서 연속인 두 함수 $f(x)$, $g(x)$가 다음 조건을 만족시킨다.

(가) 모든 실수 x에 대하여 $f(x)-g(x)=x\sin(\pi x)$이다.

(나) $\displaystyle\int_0^8 f(x)\,dx = \dfrac{49}{\pi}$

함수 $h(x)=\dfrac{f(x)+g(x)-|f(x)-g(x)|}{2}$에 대하여

$\pi \times \displaystyle\int_0^8 h(x)\,dx$의 값은? [4점]

① 9   ② 12   ③ 15   ④ 18   ⑤ 21

단답형

29. 등비수열 $\{a_n\}$ 이 다음 두 조건을 만족시킨다.

$$\sum_{n=1}^{\infty}(|a_n|+a_n)=16, \quad \sum_{n=1}^{\infty}(|a_n|-a_n)=8$$

부등식 $\displaystyle\sum_{k=1}^{\infty}a_{m+k}\cos(k\pi)>\frac{3}{100}$ 을 만족시키는 모든 자연수 m의 값의 합을 구하시오. [4점]

30.

* 확인 사항

○ 답안지의 해당란에 필요한 내용을 정확히 기입(표기)했는지 확인 하시오.

수학 영역

공통

1	③	2	①	3	②	4	⑤	5	③
6	②	7	②	8	⑤	9	⑤	10	⑤
11	③	12	③	13	②	14	①	15	✕
16	8	17	12	18	4	19	90	20	24
21	12	22	✕						

확률과 통계

23	③	24	②	25	⑤	26	⑤	27	①
28	⑤	29	790	30	✕				

미적분

23	⑤	24	②	25	②	26	①	27	④
28	⑤	29	32	30	✕				

해설

1. 정답 ③

$$3^{(1+\log_3 2-1+\log_3 2)} = 3^{2\log_3 2} = 3^{\log_3 4} = 4$$

2. 정답 ①

$$\int_1^2 (4x^3-2)dx = \left[x^4-2x \right]_1^2$$
$$= (2^4-2\times 2)-(1-2\times 1)$$
$$= 12+1 = 13$$

3. 정답 ②

등비수열 $\{a_n\}$의 첫째항을 a, 공비를 r라 할 때,
$a_3 = ar^2 = 5$, $a_2 a_5 = a^2 r^5 = 10$이다.

두 식을 나누면 $\dfrac{a_2 a_5}{a_3} = \dfrac{a^2 r^5}{ar^2} = ar^3 = 2$이므로 $a_4 = 2$이다.

4. 정답 ⑤

$$\lim_{x\to 0+} f(x) = 0 \text{이므로 } a=0$$
$$\lim_{x\to 0-} f(x) = 3$$

5. 정답 ③

$$\tan\left(\frac{\pi}{2}+\theta\right) = -\frac{1}{\tan\theta} = -\frac{2}{3}$$

$$\tan(\pi+\theta) = \tan\theta = \frac{3}{2}$$

$$\tan\left(\frac{3}{2}\pi+\theta\right) = \tan\left(\frac{\pi}{2}+\theta\right) = -\frac{2}{3}$$

$$\tan(2\pi+\theta) = \tan\theta = \frac{3}{2}$$

따라서
$$\sum_{k=1}^4 \tan\left(\frac{k\pi}{2}+\theta\right) = 2\left\{\left(-\frac{2}{3}\right)+\frac{3}{2}\right\} = -\frac{4}{3}+3 = \frac{5}{3}$$

6. 정답 ②

$f(x)=x^3-\dfrac{3}{2}x^2-6x+a$ 라 하면 $f(x)$ 의 극댓값 또는

극솟값이 0 이어야 한다.

$f'(x)=3x^2-3x-6=3(x+1)(x-2)=0$ 이므로

함수 $f(x)$ 의 극댓값과 극솟값은 각각

$f(-1)=a+\dfrac{7}{2},\ f(2)=a-10$

따라서 $f(-1)f(2)=\left(a+\dfrac{7}{2}\right)(a-10)=0$ 에서

$a=-\dfrac{7}{2}$ 또는 $a=10$

따라서 구하는 모든 상수 a 의 값의 곱은

$-\dfrac{7}{2}\times 10=-35$

7. 정답 ②

(i) $x<2$ 일 때, $-(2^x-4)\times 2^x=1$ 이고

　$2^x=t\ (t<4)$ 라 하면 $t^2-4t+1=0$,

　$t=2+\sqrt{3},\ 2-\sqrt{3}$

　$x=\log_2(2-\sqrt{3}),\ \log_2(2+\sqrt{3})$

(ii) $x\ge 2$ 일 때, $(2^x-4)\times 2^x=1$ 이고

　$2^x=t\ (t\ge 4)$ 라 하면

　$t^2-4t-1=0$, $t=2+\sqrt{5}$

　$x=\log_2(2+\sqrt{5})$

따라서 세 실근의 합은

$\log_2(2-\sqrt{3})(2+\sqrt{3})(2+\sqrt{5})=\log_2(2+\sqrt{5})$

8. 정답 ⑤

$F(x)=f(2x)g(2x)$

$\qquad=(8x^3-4x+a)(4x^2+4x+1)$ 라 하면

$\displaystyle\lim_{h\to 0}\frac{f(2h)g(2h)-1}{h}=\lim_{h\to 0}\frac{F(h)-1}{h}=b$

$F(0)=1$ 이므로 $a=1$ 이다.

$\displaystyle\lim_{h\to 0}\frac{F(h)-F(0)}{h}=F'(0)=b$

$F'(x)=(24x^2-4)(4x^2+4x+1)+(8x^3-4x+1)(8x+4)$

이고

$F'(0)=0=b$

$f(b)=f(0)=1$ 이고, $g(a)=g(1)=4$

따라서 $f(b)+g(a)=1+4=5$ 이다.

9. 정답 ⑤

$\sqrt{10}<a<10\sqrt{10}$ 에 상용로그를 취하면

$\dfrac{1}{2}<\log a<\dfrac{3}{2}$ 이다.

양변에 $\dfrac{1}{2}$ 을 곱하고 $\dfrac{1}{3}$ 을 더하면

$\dfrac{7}{12}<\dfrac{1}{3}+\dfrac{1}{2}\log a<\dfrac{13}{12}$ 이므로,

$\dfrac{1}{3}+\dfrac{1}{2}\log a=1$

따라서 $a=10^{\frac{4}{3}}=10\sqrt[3]{10}$ 이다.

10. 정답 ⑤

$\tan\alpha=1,\ \tan\beta=-2,\ \tan\gamma=\dfrac{9}{4},\ \tan\delta=-2$

$\sin(\pi+\alpha)=-\sin\alpha=-\dfrac{\sqrt{2}}{2}$

$\tan\left(\dfrac{1}{2}\pi-\beta\right)=\dfrac{1}{\tan\beta}=-\dfrac{1}{2}$

$\tan(\pi+\gamma)=\tan\gamma=\dfrac{9}{4}$

$\cos\left(\dfrac{3}{2}\pi+\delta\right)=\sin\delta=-\dfrac{2}{\sqrt{5}}$

$\dfrac{\sin(\pi+\alpha)\times\tan\left(\dfrac{1}{2}\pi-\beta\right)}{\tan(\pi+\gamma)\times\cos\left(\dfrac{3}{2}\pi+\delta\right)}$

$=\dfrac{-\dfrac{\sqrt{2}}{2}\times\left(-\dfrac{1}{2}\right)}{\dfrac{9}{4}\times\left(-\dfrac{2}{\sqrt{5}}\right)}=-\dfrac{\sqrt{10}}{18}=a$

11. 정답 ③

$S_n=\dfrac{n\{2a+(n-1)d\}}{2}$ 에서 $d<0$ 이고

$S_m=0$ 인 m 이 존재하므로 S_n 은 n 에 대한 이차함수이며

공차가 음수이므로 위로 볼록이다.

$S_n=f(n)$ 이라 하면 함수 $f(n)$ 의 그래프는 아래와 같다.

(i) $m=2k-1$ 일 때

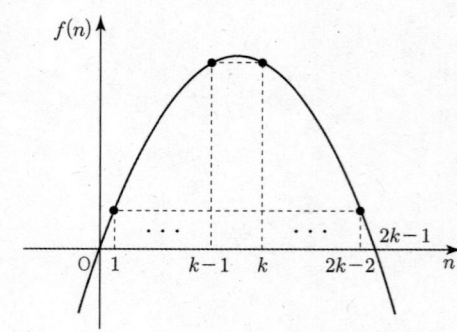

$(p, q) = (1, 2k-2), (2, 2k-3), (3, 2k-4), \cdots$
$(k-1, k)$

이므로 $k-1$

즉, $b_{2k-1} = k-1$

(ii) $m = 2k$일 때

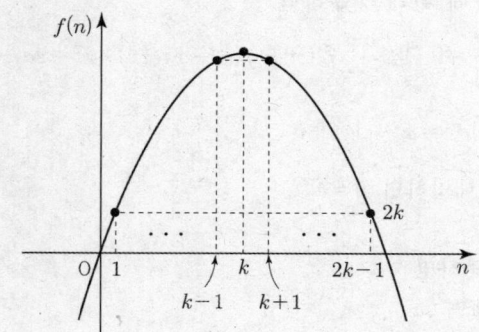

$(p, q) = (1, 2k-1), (2, 2k-2), (3, 2k-3), \cdots$
$(k-1, k+1)$

이므로 $k-1$

즉, $b_{2k} = k-1$

$$\sum_{m=1}^{30} b_m = (b_1 + b_2) + (b_3 + b_4) + \cdots + (b_{29} + b_{30})$$

$$= \sum_{k=1}^{15} (b_{2k-1} + b_{2k})$$

$$= \sum_{k=1}^{15} (k-1+k-1)$$

$$= 2\sum_{k=1}^{15} (k-1)$$

$$= 2(0+1+2+3+ \cdots +14)$$

$$= 210$$

12. 정답 ③

$\triangle ABC$ 는 $\overline{AB} = 3$, $\overline{BC} = 4$ 인 직각삼각형이므로

$\overline{AC} = 5$ 이고 $\sin \angle BAC = \dfrac{BC}{AC} = \dfrac{4}{5}$ 이다.

점 D 가 $\overline{AB}$ 를 $2:1$ 로 내분하므로 $\overline{AD} = 2$ 이다. 원의 중심이 A, 반지름이 $\overline{AD}$ 이므로 원의 반지름을 r 라 하면 $r = \overline{AD} = 2$ 이다.

또 E 는 선분 $\overline{AC}$ 위의 점이므로 $\overline{AE} = r = 2$,

따라서 $\overline{CE} = \overline{AC} - \overline{AE} = 5 - 2 = 3$이다.

한편 $\overline{CG}$ 가 원에 접하므로 $\overline{AG} \perp \overline{CG}$ 이고, 따라서 $\triangle AGC$ 는 G 에서 직각이다. 이때 $\overline{AG} = r = 2$, $\overline{AC} = 5$ 이므로

$\sin \angle GCA = \dfrac{\overline{AG}}{\overline{AC}} = \dfrac{2}{5}$

$\cos \angle GAC = \dfrac{\overline{AG}}{\overline{AC}} = \dfrac{2}{5}$이다.

E 가 $\overline{AC}$ 위의 점이므로 $\angle GAE = \angle GAC$ 이다.

$\triangle AGE$ 에서 코사인법칙을 적용하면

$\overline{GE}^2 = \overline{AG}^2 + \overline{AE}^2 - 2 \cdot \overline{AG} \cdot \overline{AE} \cdot \cos \angle GAE$

$= 2^2 + 2^2 - 2 \cdot 2 \cdot 2 \cdot \dfrac{2}{5} = \dfrac{24}{5}$이므로

$\overline{GE} = \sqrt{\dfrac{24}{5}}$ 이다.

또 E 가 $\overline{AC}$ 위의 점이므로 $\angle GCE = \angle GCA$이고,

$\sin \angle GCE = \dfrac{2}{5}$이다.

$\triangle CEG$ 의 외접원의 반지름을 R 이라 하면 사인법칙에 의해

$2R = \dfrac{\overline{GE}}{\sin \angle GCE} = \dfrac{\sqrt{\dfrac{24}{5}}}{\dfrac{2}{5}} = \sqrt{30}$ 이다.

원에서 현 $\overline{GH}$는 중심각(또는 원주각) $\angle HCG$가 마주 보는 현이므로

$\overline{GH} = 2R \sin \angle HCG$이다.

문제 조건에서 $\angle HCG = \angle BAC = \angle HCG$이므로

$\overline{GH} = \sqrt{30} \cdot \sin \angle BAC = \sqrt{30} \cdot \dfrac{4}{5} = \dfrac{4\sqrt{30}}{5}$

따라서, $\overline{GH} = \dfrac{4\sqrt{30}}{5}$

[다른 풀이]

직각삼각형 ABC에서 피타고라스 정리에 의해 $\overline{AC} = 5$이다.

$\overline{AB} = 3$이고 점 D가 $\overline{AB}$를 $2:1$로 내분하므로 $\overline{AD} = 2$이다.

따라서 점 A를 중심으로 하는 원의 반지름은 $r = 2$이다.

점 E는 선분 AC 위에 있으므로 $\overline{AE} = 2$, $\overline{EC} = 3$이다.

조건에서 직선 CG가 원에 접하므로, 원의 중심 A와 접점 G를 이은 선분은 접선과 수직이다.

$\angle AGC = \dfrac{\pi}{2}$

직각삼각형 AGC에서 피타고라스 정리를 적용하면,

$\overline{CG}^2 = \overline{AC}^2 - \overline{AG}^2 = 5^2 - 2^2 = 21$

$\therefore \overline{CG} = \sqrt{21}$

세 점 C, E, G를 지나는 원의 반지름을 R이라 하자.

이 원의 중심을 찾기 위해 좌표평면을 도입하자.

점 A를 원점 $(0,0)$이라면

점 E는 $(2,0)$, 점 C는 $(5,0)$이다.

(점 E, C는 x축 위에 있다고 가정)

세 점 $C(5,0)$, $E(2,0)$, G를 지나는 원의 중심을 O' 이라 하면,

현 CE의 수직이등분선인 $x = \dfrac{2+5}{2} = 3.5$ 위에 O'이

존재해야 한다.

O'의 좌표를 $(3.5, k)$라고 하자.

점 G의 좌표를 구하기 위해 $\triangle AGC$의 각 정보를 활용하거나, 기하적 관계를 이용한다.

$\triangle CEG$의 외접원 반지름 R은 O'에서 E까지의 거리와 같다.

$R^2 = (3.5-2)^2 + k^2 = 2.25 + k^2$

또한 O'에서 G까지의 거리도 R이다.

점 G는 $x^2 + y^2 = 4$ 위에 있고, 점 $C(5,0)$에서 그은 접점이다.

접점 $G(x_1, y_1)$에 대하여 $\overrightarrow{AG} \cdot \overrightarrow{CG} = 0$ 이므로 벡터 내적을 이용하거나, 닮음을 이용할 수 있다.

$\triangle AGC$에서 수선의 발을 이용하면 G에서 AC에 내린 수선의 발을 H라 할 때,

$\overline{AG}^2 = \overline{AH'} \cdot \overline{AC} \Rightarrow 4 = \overline{AH'} \cdot 5 \Rightarrow \overline{AH'} = \dfrac{4}{5} = 0.8$

따라서 점 G의 x좌표는 0.8이다.

y좌표의 제곱은 $2^2 - 0.8^2 = 4 - 0.64 = 3.36$

즉, $G(0.8, \sqrt{3.36})$. (편의상 $y > 0$)

이제 $O'(3.5, k)$와 $G(0.8, \sqrt{3.36})$ 사이의 거리를 구한다.

$R^2 = (3.5-0.8)^2 + (k - \sqrt{3.36})^2$
$\quad = 2.7^2 + k^2 - 2k\sqrt{3.36} + 3.36$

위에서 구한 $R^2 = 2.25 + k^2$을 대입하면,

$2.25 + k^2 = 7.29 + k^2 - 2ksqrt3.36 + 3.36$

$2k\sqrt{3.36} = 7.29 + 3.36 - 2.25 = 8.4$

$k = \dfrac{4.2}{\sqrt{3.36}}$

양변을 제곱하면 $k^2 = \dfrac{17.64}{3.36} = 5.25$

따라서 $R^2 = 2.25 + 5.25 = 7.5 = \dfrac{15}{2}$

$R = \sqrt{\dfrac{15}{2}}$

문제에서 $\angle HCG = \angle BAC$라 주어졌다.

$\angle BAC = \alpha$라 하자.

$\triangle ABC$에서 $\sin\alpha = \dfrac{4}{5}$이다.

세 점 C, E, G를 지나는 원(반지름 R) 위에서 현 GH는 원주각 $\angle HCG$가 아닌, $\triangle HCG$의 대변-대각 관계 혹은 현의 길이 공식을 따른다.

주의: 여기서 $\angle HCG$는 현 HG에 대한 원주각이 아니다. C, G, H가 모두 원 위의 점이므로, $\triangle HCG$는 이 원에 내접하는 삼각형이다.

사인 법칙에 의해 이 삼각형의 변 GH의 길이는 다음과 같다.

$\dfrac{\overline{GH}}{\sin(\angle HCG)} = 2R$

$\overline{GH} = 2R \times \sin\alpha$

$\overline{GH} = 2 \times \sqrt{\dfrac{15}{2}} \times \dfrac{4}{5} = \dfrac{8}{5}\sqrt{\dfrac{15}{2}} = \dfrac{8}{5}\dfrac{\sqrt{30}}{2} = \dfrac{4\sqrt{30}}{5}$

따라서 정답은 ③번이다.

13. 정답 ②

$\displaystyle\int_0^x \{f(t) + xf'(t)\}dt = xf(x) + \dfrac{1}{3}x^3 + ax^2 + bx$

$\displaystyle\int_0^x f(t)dt + x\int_0^x f'(t)dt = xf(x) + \dfrac{1}{3}x^3 + ax^2 + bx$

양변을 x에 관해 미분하면

$f(x) + \displaystyle\int_0^x f'(x)dx + xf'(x) = f(x) + xf'(x) + x^2 + 2ax + b$

$\displaystyle\int_0^x f'(x)dx = x^2 + 2ax + b$

$x = 0$을 대입하면 $0 = b$

$\therefore \ b = 0$

양변 미분하면

$f'(x) = 2x + 2a$

$f(x) = x^2 + 2ax + C$

이다.

조건 (나)에서 $a = 2$이다.

따라서 $f(x) = x^2 + 4x + C$

함수 $|f(x)|$의 극댓값이 4이므로 이차함수 $f(x)$의 극솟값이 -4이어야 한다.

따라서 $f(x) = (x+2)^2 - 4 + C$에서 $C = 0$이다.

$\therefore \ f(x) = x^2 + 4x$

$a = 2, b = 0$이므로

$f(2a - b) = f(4) = 4^2 + 4 \times 4 = 32$

14. 정답 ①

$a_4 < a_5 < a_6 = 17$이므로

$a_6 = a_4 + 2a_5 = 17$이다.

a_3와 a_4의 크기는 알 수 없다.

(ⅰ) $1 = a_3 > a_4$일 때.

$\quad a_5 = \dfrac{1}{2} + a_4$, $a_4 + 2a_5 = 17$

연립방정식을 풀면

$\quad 3a_5 = \dfrac{35}{2}$, $a_5 = \dfrac{35}{6}$

$\quad a_4 = \dfrac{16}{3}$

$\quad 1 < \dfrac{16}{3}$으로 $a_3 < a_4$이므로 모순

(ⅱ) $1 = a_3 \leq a_4$일 때.

$\quad a_5 = 1 + 2a_4$, $a_4 + 2a_5 = 17$

연립방정식을 풀면

$\quad a_4 + 2 + 4a_4 = 17$

$\quad a_4 = 3$

따라서 $a_3 = 1$, $a_4 = 3$, $a_5 = 7$, $a_6 = 17$이다.

(ㄱ) $a_2 \leq a_3 = 1$일 때,

$a_4 = a_2 + 2a_3$이고

$3 = a_2 + 2$에서 $a_2 = 1$

① $a_2 = 1$, $a_3 = 1$

$a_1 \leq a_2$일 때, $a_3 = a_1 + 2a_2$가 성립한다.

$1 = a_1 + 2$

$a_1 = -1$ ··· ㉠

② $a_2 = 1$, $a_3 = 1$

$a_1 > a_2$일 때, $a_3 = \frac{1}{2}a_1 + a_2$가 성립한다.

$1 = \frac{1}{2}a_1 + 1$

$a_1 = 0$으로 모순

(ㄴ) $a_2 > a_3 = 1$일 때,

$a_4 = \frac{1}{2}a_2 + a_3$이고

$3 = \frac{1}{2}a_2 + 1$에서 $a_2 = 4$

① $a_2 = 4$, $a_3 = 1$

$a_1 \leq a_2$일 때, $a_3 = a_1 + 2a_2$가 성립한다.

$1 = a_1 + 8$

$a_1 = -7$ ··· ㉡

② $a_2 = 4$, $a_3 = 1$

$a_1 > a_2$일 때, $a_3 = \frac{1}{2}a_1 + a_2$가 성립한다.

$1 = \frac{1}{2}a_1 + 4$

$a_1 = -6$으로 모순

따라서

㉠, ㉡에서 가능한 a_1의 값은 -1, -7이다.

따라서 합은 -8

15.

16. 정답 8

$2\log_2 3 \times 4\log_3 2 = 8$

17. 정답 12

주어진 조건에서 $f(1) = 2$, $f'(1) = 10$이다.

$g'(x) = f(x) + xf'(x)$에서 $x = 1$을 대입하면

$g'(1) = f(1) + f'(1) = 2 + 10 = 12$

18. 정답 4

곡선 $y = \sin x \; (0 < x < 2\pi)$는 직선 $y = \frac{1}{4}$, $y = -\frac{1}{4}$과

각각 두 점에서 만나므로

(모든 실근의 합) $= \frac{\pi}{2} \times 2 + \frac{3}{2}\pi \times 2 = 4\pi$

이다. 따라서 $a = 4$

19. 정답 90

직선 $y = mx - 1$는 실수 m의 값에 관계없이 항상

$(0, -1)$을 지나므로 직선 $y = mx - 1$와

함수 $f(x) = \begin{cases} \frac{1}{4}x^2 & (x < 4) \\ -x + 8 & (x \geq 4) \end{cases}$의 그래프는 다음과 같다.

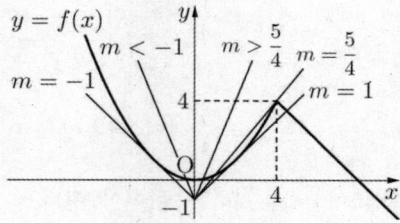

$(0, -1)$을 지나는 직선이 포물선 $y = \frac{1}{4}x^2$에 접할 때,

$f(x)$위의 임의의 점 $(t, f(t))$에서 접선은

$y = \frac{1}{2}t(x - t) + \frac{1}{4}t^2$이고, $(0, -1)$을 지나므로

$-1 = \frac{1}{2}t(0 - t) + \frac{1}{4}t^2 \rightarrow t = 2 \, \text{or} \, -2$

따라서, 접선의 기울기는 $t = -2$일 때, -1이고, $t = 2$일 때,

1이다.

$g(m) = \begin{cases} 2 & (m < -1) \\ 1 & (-1 \leq m < 1) \\ 2 & (m = 1) \\ 3 & (1 < m < \frac{5}{4}) \\ 2 & (m = \frac{5}{4}) \\ 1 & (m > \frac{5}{4}) \end{cases}$

즉, 함수 $g(m)$은 $m = -1$, $m = 1$, $m = \frac{5}{4}$에서 불연속이다.

그런데 함수 $g(x)h(x)$가 실수 전체의 집합에서 연속이므로

$g(m)$과 $h(m)$를 $g(x)$과 $h(x)$라하면 $g(x)h(x)$는

$x = -1$, $x = 1$, $x = \frac{5}{4}$에서도 연속이 되어야 한다.

(ⅰ) $x = -1$일 때

$\lim\limits_{x \to -1-} g(x)h(x) = 2 \times h(-1)$,

$\lim\limits_{x \to -1+} g(x)h(x) = 1 \times h(-1)$

함수 $g(x)h(x)$는 $x = -1$에서 연속이므로

$\lim\limits_{x \to -1} g(x)h(x) = g(-1)h(-1)$이어야 된다.

즉, $\lim\limits_{x \to -1-} g(x)h(x) = \lim\limits_{x \to -1+} g(x)h(x) = g(-1)h(-1)$

에서 $h(-1) = 0$

(ii) $x = 1$ 일 때

$$\lim_{x \to 1-} g(x)h(x) = 1 \times h(1),$$

$$\lim_{x \to 1+} g(x)h(x) = 3 \times h(1)$$

함수 $g(x)h(x)$ 는 $x = 1$ 에서 연속이므로

$\lim\limits_{x \to 1} g(x)h(x) = g(1)h(1)$ 이어야 된다.

즉, $\lim\limits_{x \to 1-} g(x)h(x) = \lim\limits_{x \to 1+} g(x)h(x) = g(1)h(1)$

에서 $h(1) = 0$

(iii) $x = \dfrac{5}{4}$ 일 때

$$\lim_{x \to \frac{5}{4}-} g(x)h(x) = 3 \times h\left(\frac{5}{4}\right),$$

$$\lim_{x \to \frac{5}{4}+} g(x)h(x) = 1 \times h\left(\frac{5}{4}\right)$$

함수 $g(x)h(x)$ 는 $x = \dfrac{5}{4}$ 에서 연속이므로

$\lim\limits_{x \to \frac{5}{4}} g(x)h(x) = g\left(\dfrac{5}{4}\right)h\left(\dfrac{5}{4}\right)$ 이어야 된다.

즉, $\lim\limits_{x \to \frac{5}{4}-} g(x)h(x) = \lim\limits_{x \to \frac{5}{4}+} g(x)h(x) = g\left(\dfrac{5}{4}\right)h\left(\dfrac{5}{4}\right)$

에서 $h\left(\dfrac{5}{4}\right) = 0$

(i), (ii), (iii)에서 $h(-1) = h(1) = h\left(\dfrac{5}{4}\right) = 0$이므로

최고차항의 계수가 1인 삼차함수 $h(x)$ 는

$h(x) = (x+1)(x-1)\left(x - \dfrac{5}{4}\right)$

따라서

$h(5) = 6 \times 4 \times \left(5 - \dfrac{5}{4}\right)$

$= 24 \times \dfrac{15}{4} = 90$

[빠른 풀이]

1. 문제의 킬링포인트(killing point) 찾기

함수 $g(x)h(x)$ 가 실수 전체에서 연속이 되려면, $g(m)$ 이 불연속이 되는 모든 m 의 값 에서 $h(x)$가 0이 되어야 합니다. 즉, 삼차함수 $h(x)$ 의 세 근은 교점의 개수 $g(m)$이 변화하는 경계값(특이점)들 이다.

2. 그래프를 통한 특이점(Singularity) 추적

직선 $y = mx - 1$ 은 정점 $P(0, -1)$ 을 지나며 기울기가 m 인 회전하는 직선이다. 교점의 개수가 변화하는 기하학적 사건(Event)은 다음 두 가지 경우뿐이다.

Event A: 곡선에 접할 때 (판별식 $D = 0$)

직선이 $y = \dfrac{1}{4}x^2$ 에 접하는 순간이다.

$x^2 - 4mx + 4 = 0$

$\Rightarrow D = (-4m)^2 - 4 \cdot 1 \cdot 4 = 16(m^2 - 1)$

$D = 0$에서 $m = \pm 1$

(접점의 x 좌표는 $2m$ 이므로, $m = 1$ 일 때 $x = 2$, $m = -1$ 일 때 $x = -2$ 로 모두 정의구역 $x < 4$ 내에 있어 유효한 불연속점이다.)

Event B: 함수의 경계점 $(4, 4)$ 를 지날 때

직선이 두 함수가 만나는 점 $(4, 4)$ 를 통과하는 순간이다.

$4 = m(4) - 1 \Rightarrow 4m = 5 \Rightarrow m = \dfrac{5}{4}$

Event C: 직선 부분과 평행할 때

직선이 $y = -x + 8$ 과 기울기가 같아 교점이 생기지 않거나 사라지는 순간이다.

$m = -1$

(이는 Event A에서 이미 구해진 값과 중복된다.)

3. 함수 $h(x)$ 구성 및 계산

위 분석에 따라 $g(m)$ 의 불연속점은 $m = -1, 1, \dfrac{5}{4}$의 3개다.

최고차항의 계수가 1 인 삼차함수 $h(x)$ 는 이 세 값을 근으로 가져야 한다.

$h(x) = (x+1)(x-1)\left(x - \dfrac{5}{4}\right)$

따라서 구하는 $h(5)$ 의 값은:

$h(5) = (5+1)(5-1)\left(5 - \dfrac{5}{4}\right)$

$h(5) = 6 \times 4 \times \dfrac{15}{4} = 6 \times 15 = 90$

20. 정답 24

함수 $y = f(x)$의 그래프와 직선 $y = 3$의 교점은 방정식 $|4\cos ax + b| = 3$

의 실근과 같다. 즉, 다음 두 경우를 만족해야 한다.

$4\cos ax + b = 3$ 또는 $4\cos ax + b = -3$

이를 정리하면,

$\cos ax = \dfrac{3 - b}{4} \cdots (\lnot)$

$\cos ax = \dfrac{-3 - b}{4} \cdots (\llcorner)$

이다. 코사인함수 $\cos ax$의 치역은 $[-1, 1]$이므로, 우변의 값이 이 범위 안에 들어올 때만 실근을 갖는다.

함수의 주기는 $\dfrac{2\pi}{a}$ 이므로, 닫힌구간 $[0,2\pi]$ 에는
코사인함수의 그래프가 a개 그려진다.
자연수 b의 값에 따라 경우를 나누어 보자.

[case 1] $b \geq 4$ 인 경우
$\dfrac{-3-b}{4} \leq \dfrac{-7}{4} < -1$ 이므로, 식 (ㄴ)은 실근을 갖지 않는다.
따라서 식 (ㄱ)에서만 교점이 발생해야 한다.
식 (ㄱ)이 실근을 가지려면 $-1 \leq \dfrac{3-b}{4} \leq 1$ 이어야 하므로,
$-4 \leq 3-b \leq 4 \Rightarrow -1 \leq b \leq 7$.
조건 $b \geq 4$와 결합하면 b는 $4,5,6,7$이 가능하다.
$b=7$일 때: $\cos ax = -1$.
한 주기당 교점은 1개(최솟값 접점) 발생한다.
(구간 양 끝점 제외하고 내부에서 접함)
총 교점 개수는 $1 \times a = a$.
$a=12$이면 교점이 12개가 된다. $\Rightarrow (12,7)$ (합: 19)
$b=6$일 때: $\cos ax = -\dfrac{3}{4}$.
$-1 < -\dfrac{3}{4} < 1$ 이므로 한 주기당 교점은 2개 발생한다.
총 교점 개수는 $2a$.
$2a=12 \Rightarrow a=6$. $\Rightarrow (6,6)$ (합: 12)
$b=5$일 때: $\cos ax = -\dfrac{2}{4} = -\dfrac{1}{2}$.
한 주기당 교점 2개. 총 $2a$개.
$2a=12 \Rightarrow a=6$. $\Rightarrow (6,5)$ (합: 11)
$b=4$일 때: $\cos ax = -\dfrac{1}{4}$.
한 주기당 교점 2개. 총 $2a$개.
$2a=12 \Rightarrow a=6$. $\Rightarrow (6,4)$ (합: 10)

[case 2] $1 \leq b \leq 3$ 인 경우
이때는 식 (ㄱ)과 (ㄴ) 모두 고려해야 한다.
$b=3$일 때:
(ㄱ): $\cos ax = 0$. (한 주기당 교점 2개)
(ㄴ): $\cos ax = -\dfrac{6}{4} = -1.5$. (범위 벗어남, 교점 0개)
총 교점 $2a=12 \Rightarrow a=6$. $\Rightarrow (6,3)$ (합: 9)
$b=2$일 때:
(ㄱ): $\cos ax = \dfrac{1}{4}$. (한 주기당 교점 2개)
(ㄴ): $\cos ax = -\dfrac{5}{4} = -1.25$. (범위 벗어남, 교점 0개)
총 교점 $2a=12 \Rightarrow a=6$. $\Rightarrow (6,2)$ (합: 8)
$b=1$일 때:
(ㄱ): $\cos ax = \dfrac{2}{4} = \dfrac{1}{2}$. (한 주기당 교점 2개)

(ㄴ): $\cos ax = \dfrac{-4}{4} = -1$ (한 주기당 교점 1개)
따라서 한 주기당 총 $2+1=3$개의 교점이 발생한다.
총 교점 개수는 $3a$.
$3a=12 \Rightarrow a=4$. $\Rightarrow (4,1)$ (합: 5)
가능한 순서쌍 (a,b)에 대하여
$a+b$의 값들을 나열하면: $19,12,11,10,9,8,5$
최댓값 $M=19$
최솟값 $m=5$
따라서 $M+m=19+5=24$

21. 정답 12
$x > 2$ 인 구간에서 $f(x)$를 인수분해하면,
$x^2 - (a+2)x + 2a = (x-2)(x-a)$ 이다.
따라서 $f(x)$ 는 $x=2$ 와 $x=a$ 에서 0 이 된다.
$$f(x) = \begin{cases} -(x-2)(x \leq 2) \\ (x-2)(x-a)(x > 2) \end{cases}$$
함수 $h(x)$ 가 실수 전체의 집합에서 연속이므로,
분모가 0이 되는 $x=2$와 $x=a$에서 극한값이 존재해야 한다.

1. $x=a$ 에서 연속:
$\lim\limits_{x \to a} \dfrac{g(x)}{f(x)}$ 가 존재해야 하므로 $g(a)=0$ 이어야 한다.
즉, $(x-a)$ 를 인수로 갖는다.

2. $x=2$ 에서 연속:
$\lim\limits_{x \to 2} \dfrac{g(x)}{f(x)}$ 가 존재해야 하므로 $g(2)=0$ 이어야 한다.
즉, $(x-2)$ 를 인수로 갖는다.
최고차항의 계수가 1인 삼차함수 $g(x)$ 는 나머지 하나의
인수를 $(x-k)$ 라 하면 다음과 같이 쓸 수 있다.
$g(x) = (x-2)(x-a)(x-k)$
$x \neq 2, a$ 일 때 $h(x)$ 를 약분하여 정리하면:
$x < 2$ 일 때:
$$h(x) = \dfrac{(x-2)(x-a)(x-k)}{-(x-2)} = -(x-a)(x-k)$$
미분하면
$$h'(x) = -\dfrac{d}{dx}\{x^2 - (a+k)x + ak\} = -2x + (a+k)$$
$x > 2$ 일 때 (단, $x \neq a$):
$$h(x) = \dfrac{(x-2)(x-a)(x-k)}{(x-2)(x-a)} = x-k$$
미분하면 $h'(x)=1$
조건 (나)에서 $x=2$ 에서 미분가능하다고 했으므로, 연속
조건과 미분계수 일치 조건을 모두 만족해야 한다.

- 7 -

(1) 연속성 ($x=2$에서 함숫값 일치)

좌극한: $\lim_{x \to 2^-} h(x) = -(2-a)(2-k) = (a-2)(2-k)$

우극한: $\lim_{x \to 2^+} h(x) = 2-k$

$(a-2)(2-k) = 2-k$

$(2-k)(a-2-1) = 0 \Rightarrow (2-k)(a-3) = 0$

따라서 $k=2$ 또는 $a=3$ 이다.

(2) 미분가능성 ($x=2$에서 미분계수 일치)

좌미분계수: $\lim_{x \to 2^-} h'(x) = -2(2)+a+k = a+k-4$

우미분계수: $\lim_{x \to 2^+} h'(x) = 1$

$a+k-4 = 1$

$a+k = 5$

Step 5. 상수 결정 및 최종 계산

위 두 조건 (1), (2)를 연립한다.

Case 1: $k=2$ 인 경우

$\qquad a+2 = 5 \Rightarrow a = 3$

Case 2: $a=3$ 인 경우

$\qquad 3+k = 5 \Rightarrow k = 2$

두 경우 모두 $a=3, k=2$ 로 동일한 결과가 나온다.

($a > 2$ 조건 만족)

따라서 $g(x)$ 와 $h(x)$ 가 확정된다.

$g(x) = (x-2)^2(x-3)$

$h(x) = \begin{cases} -(x-3)(x-2) & (x \le 2) \\ x-2 & (x > 2) \end{cases}$

문제에서 요구하는 값을 계산하면:

$g(5) = (5-2)^2(5-3) = 3^2 \times 2 = 18$

$h(0) = -(0-3)(0-2) = -((-3) \times (-2)) = -6$

따라서 $g(5) + h(0) = 18 + (-6) = 12$

22.

---

23. 정답 ③

$np = 120 \times \dfrac{1}{3} = 40$

24. 정답 ②

사건 A, B가 배반사건이므로 $P(A \cap B) = 0$

$P(A \cup B) = P(A) + P(B) - P(A \cap B)$

$\dfrac{3}{4} = \dfrac{1}{3} + P(B) - 0$

따라서 $P(B) = \dfrac{5}{12}$

25. 정답 ⑤

$\left(\sqrt{x} + \dfrac{2}{x} \right)^9$ 의 전개식의 일반항은

$_9C_r \left(\sqrt{x} \right)^{9-r} \left(\dfrac{2}{x} \right)^r = {_9C_r} \, 2^r x^{\frac{9-3r}{2}}$

따라서 상수항은 $\dfrac{9-3r}{2} = 0$,

즉 $r=3$ 일 때이므로 구하는 상수항은 $_9C_3 \times 2^3 = 672$

26. 정답 ⑤

$P(X \le m) = 0.5$ 이므로

$P(m \le X \le m+10) = P(X \le m+10) - 0.5$이다.

$P(m \le X \le m+10) = P(20-m \le X \le m)$

이고 정규분포함수의 대칭성에 의하여 $x = m+10$ 과

$x = 20-m$ 은 서로 $x = m$ 에 대해서 대칭이다.

$\dfrac{(m+10)+(20-m)}{2} = 15 = m$

따라서 $F(t)$ 는 $t = 12.5$ 일 때 최대이고 그 최댓값은

$P(12.5 \le X \le 17.5)$ 인데, 이를 표준화하면

$P\left(\dfrac{-2.5}{\sigma} \le Z \le \dfrac{2.5}{\sigma} \right) = 2P\left(0 \le Z \le \dfrac{2.5}{\sigma} \right) = 0.9876$

$P\left(0 \le Z \le \dfrac{2.5}{\sigma} \right) = 0.4938$ 이므로 $\sigma = 1$

따라서 $m + \sigma = 15 + 1 = 16$

27. 정답 ①

우선 다연이에게 검은색, 파란색, 빨간색 볼펜을 각각
1자루씩 나누어 준 뒤 상황을 보자.

남은 볼펜은 검은색 볼펜 3자루, 파란색 볼펜 2자루,
빨간색 볼펜 1자루

빨간색 볼펜이 1자루뿐이므로 빨간색 볼펜을 받는
사람을 지정한 후 경우를 살피면 된다.
3명의 학생을 다연, A, B라 하자.
(i) 남은 빨간색 볼펜 1자루를 다연이에게 줄 때,
　　검은색 볼펜 3자루를 3명에게 나누어주는 경우의 수는
$$_3H_3 = {}_5C_2 = 10$$
　　파란색 볼펜 2자루를 3명에게 나누어주는 경우의 수는
$$_3H_2 = {}_4C_2 = 6$$
　　따라서 $10 \times 6 = 60$
(ii) 남은 빨간색 볼펜 1자루를 A에게 줄 때,
　　A가 검은색 볼펜을 받지 않는 경우
$$_2H_3 \times {}_3H_2 = {}_4C_3 \times {}_4C_2 = 24$$
　　A가 파란색 볼펜을 받지 않는 경우
$$_3H_3 \times {}_2H_2 = {}_5C_3 \times {}_3C_2 = 30$$
　　A가 검은색 볼펜과 파란색 볼펜을 모두 받지 않는 경우
$$_2H_3 \times {}_2H_2 = {}_4C_3 \times {}_3C_2 = 12$$
　　따라서 $24 + 30 - 12 = 42$
(iii) 남은 빨간색 볼펜 1자루를 B에게 줄 때,
　　(ii)와 마찬가지로 42
따라서
$$60 + 2 \times 42 = 144$$

28. 정답 ⑤
곱이 6의 배수인 경우는 2의 배수와 3의 배수를 적어도
하나씩 선택하거나 6의 배수를 적어도 하나 선택하는
경우이므로
2의 배수와 3의 배수를 적어도 하나씩 선택하고 6의
배수를 선택하지 않는 경우
$$_{10}C_3 - {}_6C_3 - {}_8C_3 + {}_4C_3 = 48$$
6의 배수를 적어도 하나 선택하는 경우
$$_{12}C_3 - {}_{10}C_3 = 100$$
1부터 12까지의 자연수를 3으로 나눈 나머지에 따라
분류하면
$A = \{1, 4, 7, 10\}$, $B = \{2, 5, 8, 11\}$, $C = \{3, 6, 9, 12\}$
집합 C에서 3개의 원소를 뽑는 경우는 곱이 6의
배수이고 합이 3의 배수이려면 집합 C에서
3개이므로 $_4C_3 = 4$
집합 A, B, C에서 각각 1개를 뽑는 경우는
C에서 3 또는 9를 뽑는 경우
A와 B에서 2의 배수를 적어도 하나 뽑아야 하므로
$$({}_4C_1 \times {}_4C_1 - {}_2C_1 \times {}_2C_1) \times {}_2C_1 = 24$$
C에서 6 또는 12를 뽑는 경우
$$_4C_1 \times {}_4C_1 \times {}_2C_1 = 32$$
$$\therefore \frac{4 + 24 + 32}{48 + 100} = \frac{60}{148} = \frac{15}{37}$$

29. 정답 790
가위바위보를 한 번 할 때마다 갑의 승, 무, 패가 결정되므로
여섯 번 시행하여 나올 수 있는 모든 경우의 수는
$$3^6 = 729(가지)$$
갑이 이긴 횟수, 비긴 횟수, 진 횟수를 각각 x, y, z라 하면
$$x + y + z = 6 \qquad \cdots ㉠$$
(단, x, y, z는 0 이상 6 이하의 정수)
이기면 바둑돌 2개, 비기면 바둑돌을 1개를 얻고,
지면 바둑돌 2개를 잃으므로
$$2x + y - 2z = 6 \qquad \cdots ㉡$$
이때 x와 z의 계수가 짝수이고 우변 역시 짝수이므로
y도 반드시 짝수이어야 한다.
(i) $y = 0$인 경우
　　$x = \dfrac{9}{2}$, $z = \dfrac{3}{2}$이므로 만족하지 않는다.
(ii) $y = 2$인 경우
　　㉠ $x + z = 4$, ㉡ $x - z = 2$를 연립하여 풀면
　　$(x, y, z) = (3, 2, 1)$
　　이것은 갑이 3승 2무 1패를 한 경우이다.
　　이긴 경우를 ○, 비긴 경우를 /, 진 경우를 ✕라 하면
　　○ ○ ○ / / ✕를 일렬로 나열하는 방법의 수는
$$\frac{6!}{3!2!} = 60$$
(iii) $y = 4$인 경우
　　㉠ $x + z = 2$, ㉡ $x - z = 1$을 연립하여 풀면
　　$(x, y, z) = \left(\dfrac{3}{2}, 4, \dfrac{1}{2}\right)$
　　이것은 x, z가 0 이상 6 이하의 정수라는 문제의
　　조건을 만족하지 못한다.
(iv) $y = 6$인 경우
　　㉠ $x + z = 0$, ㉡ $x - z = 0$을 연립하여 풀면
　　$(x, y, z) = (0, 6, 0)$
　　이것은 갑이 6무를 한 경우이다.
　　비긴 경우를 /라 하면 / / / / / /를 일렬로
　　나열하는 방법의 수는 1이다.
따라서 구하는 확률은 $\dfrac{60 + 1}{729} = \dfrac{61}{729}$
$$\therefore p + q = 729 + 61 = 790$$

[다른 풀이]
가위바위보를 한 번 할 때마다 갑의 승, 무, 패가 결정되므로
여섯 번 시행하여 나올 수 있는 모든 경우의 수는
$$3^6 = 729(가지)$$
갑이 이긴 횟수, 비긴 횟수, 진 횟수를 각각 x, y, z라 하면
$$x + y + z = 6 \qquad \cdots ㉠$$
(단, x, y, z는 0 이상 6 이하의 정수)

이기면 바둑돌 2개, 비기면 바둑돌을 1개를 얻고,
지면 바둑돌 2개를 잃으므로
$2x + y - 2z = 6$ $\cdots$ ㉡
이때 ㉡-㉠을 하면
$x = 3z$ (단, $0 \le x \le 6$, $0 \le z \le 2$인 정수)
이때
(i) $z = 0$인 경우
　$x = 0$이므로 ㉠에서 $y = 6$
　이것은 갑이 6무를 한 경우이다.
　비긴 경우를 /라 하면 //////를 일렬로
　나열하는 방법의 수는 1이다.
(ii) $z = 1$인 경우
　$x = 3$이므로 ㉠에서 $y = 2$
　이것은 갑이 3승 2무 1패를 한 경우이다.
　이긴 경우를 ○, 비긴 경우를 /, 진 경우를 X라 하면
　○ ○ ○ / / X를 일렬로 나열하는 방법의 수는
　$\dfrac{6!}{3!2!} = 60$
(iii) $z = 2$인 경우
　$x = 6$이므로 ㉠을 만족하지 못한다.
따라서 구하는 확률은
$\dfrac{60+1}{729} = \dfrac{61}{729}$
$\therefore p + q = 729 + 61 = 790$

30.

미적분

23. 정답 ⑤

식을 정리하면 $\dfrac{\sqrt{n^2+n} + \sqrt{n^2-2n}}{3n}$ 이고
분모, 분자를 n으로 나누면
$\dfrac{\sqrt{1+\dfrac{1}{n}} + \sqrt{1-\dfrac{2}{n}}}{3}$
$n \to \infty$이면 $\dfrac{1}{n} \to 0$이므로
$\displaystyle\lim_{n\to\infty} \dfrac{\sqrt{1+\dfrac{1}{n}} + \sqrt{1-\dfrac{2}{n}}}{3} = \dfrac{2}{3}$ 이다.

24. 정답 ②

수열 $\{a_n\}$ 은 $a_n = \left(3 - \dfrac{|k|}{2}\right)^n$
이므로 $\left(3 - \dfrac{|k|}{2}\right)$을 r라 두면 $a_n = r^n$이다.
거듭제곱 수열 $\{r^n\}$이 수렴하기 위한 조건은
$|r| < 1$ 또는 $r = 1$ 이며,
$r = -1$ 일 때는 $r^n = (-1)^n$ 으로 발산한다. 따라서
$-1 < r \le 1$
이고 $r = 3 - \dfrac{|k|}{2}$ 이므로
$-1 < 3 - \dfrac{|k|}{2} \le 1$
$-4 < -\dfrac{|k|}{2} \le -2$
양변에 -2 를 곱하면 부등호의 방향이 바뀌어
$8 > |k| \ge 4$
즉,
$4 \le |k| < 8$ 이다.
따라서 $|k| = 4,5,6,7$ 이고, 이에 대응하는 정수 k는
$k = \pm 4, \pm 5, \pm 6, \pm 7$로 모두 8개이다.

25. 정답 ②

$y' = e^{-x^2}(-2x)$
$y'' = e^{-x^2}(4x^2 - 2)$
변곡점의 x 좌표는 $\dfrac{\sqrt{2}}{2}$ 이다.
$f'\left(\dfrac{\sqrt{2}}{2}\right) = -\sqrt{2}\,e^{-\frac{1}{2}} = -\dfrac{\sqrt{2e}}{e}$이다.

26. 정답 ①

$x = 3t - \sin t$, $y = 3 - \cos t$에서
점 P의 좌표는 $(3\theta - \sin\theta,\ 3 - \cos\theta)$ $\cdots$ ㉠
$\dfrac{dx}{dt} = 3 - \cos t$, $\dfrac{dy}{dt} = \sin t$이므로
$\dfrac{dy}{dx} = \dfrac{\dfrac{dy}{dt}}{\dfrac{dx}{dt}} = \dfrac{\sin t}{3 - \cos t}$
에서 직선 l의 기울기는 $\dfrac{\sin\theta}{3 - \cos\theta}$ $\cdots$ ㉡
점 P를 지나고 직선 l에 수직인 직선의 방정식은
$y = -\dfrac{3 - \cos\theta}{\sin\theta}(x - 3\theta + \sin\theta) + 3 - \cos\theta$
이고 이 직선이 점 $(\pi,\ 0)$을 지나므로
$\dfrac{3 - \cos\theta}{\sin\theta}(\pi - 3\theta + \sin\theta) = 3 - \cos\theta$

$3 - \cos\theta \neq 0$이므로

$\pi - 3\theta + \sin\theta = \sin\theta$ 이므로 $\theta = \dfrac{\pi}{3}$

따라서 ㉡에 $\theta = \dfrac{\pi}{3}$를 대입하면 직선 l의 기울기는

$$\frac{\sin\dfrac{\pi}{3}}{3 - \cos\dfrac{\pi}{3}} = \frac{\dfrac{\sqrt{3}}{2}}{3 - \dfrac{1}{2}} = \frac{\sqrt{3}}{5}$$

27. 정답 ④

$f(x) = (x^2 + ax + 5)e^x$ 에서

$f'(x) = (2x + a)e^x + (x^2 + ax + 5)e^x$
$\quad = \{x^2 + (a+2)x + a + 5\}e^x$

$e^x > 0$이므로 $f'(x) = 0$에서

$x^2 + (a+2)x + a + 5 = 0 \quad \cdots ㉠$

함수 $f(x)$가 극값을 갖지 않으려면 이차방정식 ㉠이
중근 또는 허근을 가져야 한다.

따라서 이차방정식 ㉠의 판별식 $D \leq 0$이어야 하므로

$D = (a+2)^2 - 4(a+5) \leq 0,\ a^2 - 16 \leq 0$

$\therefore -4 \leq a \leq 4$

따라서 정수 a의 개수는 9이다.

28. 정답 ⑤

$a_1 = -1$, $a_2 = \dfrac{1}{2}$, $a_3 = -\dfrac{1}{3}$, $a_4 = \dfrac{1}{4}$, $a_5 = -\dfrac{1}{5}$, $a_6 = \dfrac{1}{6}$,

$a_7 = -\dfrac{1}{7}$, $a_8 = \dfrac{1}{8}$, $\cdots$

문제에 주어진 조건에 의하여

$b_1 = a_2 = \dfrac{1}{2}$, $b_2 = a_2 = \dfrac{1}{2}$,

$b_3 = a_4 = \dfrac{1}{4}$, $b_4 = a_4 = \dfrac{1}{4}$,

$b_5 = a_6 = \dfrac{1}{6}$, $b_6 = a_6 = \dfrac{1}{6}$,

$b_7 = a_8 = \dfrac{1}{8}$, $b_8 = a_9 = \dfrac{1}{8}$,

$b_9 = a_{10} = \dfrac{1}{10}$, $\cdots$

따라서

$$S_m = \lim_{n \to \infty} \sum_{k=1}^{m} \frac{\left(\dfrac{7}{8} + b_k\right)^{n+1}}{\left(\dfrac{7}{8} + b_k\right)^n + 1}$$

$$= \lim_{n \to \infty} \left\{ \frac{\left(\dfrac{11}{8}\right)^{n+1}}{\left(\dfrac{11}{8}\right)^n + 1} \times 2 + \frac{\left(\dfrac{9}{8}\right)^{n+1}}{\left(\dfrac{9}{8}\right)^n + 1} \times 2 \right.$$

$$+ \frac{\left(\dfrac{25}{24}\right)^{n+1}}{\left(\dfrac{25}{24}\right)^n + 1} \times 2 + \frac{1^{n+1}}{1^n + 1} \times 2$$

$$\left. + \frac{\left(\dfrac{7}{8} + \dfrac{1}{10}\right)^{n+1}}{\left(\dfrac{7}{8} + \dfrac{1}{10}\right)^n + 1} \times 2 + \cdots \right\}$$

$$= \frac{11}{8} \times 2 + \frac{9}{8} \times 2 + \frac{25}{24} \times 2 + \frac{1}{2} \times 2 + 0 + 0 + \cdots$$

이므로 $S_m < S_{m+1}$을 만족시키는 m의 최댓값은 7이므로

$p = 7$

이때 $S_7 = \dfrac{11}{4} + \dfrac{9}{4} + \dfrac{25}{12} + \dfrac{1}{2} = \dfrac{91}{12}$이므로 구하는 값은

$$S_p = \frac{91}{12}$$

29. 정답 32

$g(x)$가 모든 실수에 대하여 연속이므로
모든 실수 x에 대하여 $f(x) > 0$이다.

조건 (가)에서 $g(-x) = g(x)$이므로

$f(-x) = f(x)$이다.

$f(x)$는 이차함수이므로

$f(x) = 3x^2 + a \quad (a > 0)$

로 할 수 있다.

(나) 조건을 활용하기 위해 $g(x)$를 미분하면

$$g'(x) = f'(x) - \frac{64f'(x)}{\{f(x)\}^2} = f'(x) \times \frac{\{f(x)\}^2 - 64}{\{f(x)\}^2}$$

(나) 조건에서 $g'(0) + g'(1) = 0$이고 $g'(0) = 0$이므로

$$(\because f'(0) = 0)$$

$g'(1) = 0$

$g'(1) = f'(1) \times \dfrac{\{f(1)\}^2 - 64}{\{f(1)\}^2} = 0$

에서 $f'(1) \neq 0$이므로

$\{f(1)\}^2 = 64$

$f(1) = 8 \ (\because f(x) > 0)$

그러므로 $f(x) = 3x^2 + 5$

이제 $h(t)$의 최솟값을 생각하자.

$x > 1$일 때 $f'(x) > 0$이고 $\{f(x)\}^2 > 64$이므로

$g'(x) > 0$

따라서 $x > 1$에서 $g(x)$는 증가함수이므로

$1 < x < t$일 때, $g(x) < g(t)$

$1 < t < x$일 때, $g(t) < g(x)$

$$h(t) = \int_0^4 \left| \{f(x)\}^2 + 64 - f(x)g(t) \right| dx$$

$$= \int_0^4 f(x) \left| f(x) + \frac{64}{f(x)} - g(t) \right| dx$$

$$= \int_0^4 f(x) |g(x) - g(t)| dx$$

$0 < x < 1$에서 $y = g(x)$는 감소하므로 $g(0) = g(t)$인

$t = \sqrt{\dfrac{13}{5}}$ 에 대해 $g(x) - g(t) = 0$의 실근은

$0 < t < \sqrt{\dfrac{13}{5}}$ 에서 2개 $(t \neq 1)$

$x = 1$에서 1개

$t > \sqrt{\dfrac{13}{5}}$ 에서 1개

따라서 $h(t)$는 $t = 1$에서 극대이고

$t > \sqrt{\dfrac{13}{5}}$ 에서

$$h(t) = g(t) \int_0^t f(x)dx - \int_0^t f(x)g(x)dx$$

$$+ \int_t^4 f(x)g(x)dx - g(t)\int_t^4 f(x)dx$$

t에 대하여 미분하면

$$h'(t) = g'(t)\int_0^t f(x)dx - g'(t)\int_t^4 f(x)dx$$

$$= g'(t)\left\{ \int_0^t f(x)dx + \int_4^t f(x)dx \right\}$$

$f(x) = 3x^2 + 5$을 대입하면

$$h'(t) = g'(t)\left\{ \left[x^3 + 5x \right]_0^t + \left[x^3 + 5x \right]_4^t \right\}$$

$$= g'(t)\{2t^3 + 10t - 84\}$$

$$= 2g'(t)\{t^3 + 5t - 42\}$$

$$= 2g'(t)\{(t-3)(t^2 + 3t + 14)\}$$

이때 $t > 1$에서 $g'(t) > 0$, $t^2 + 3t + 14 > 0$이므로

$t = 3$ 좌우에서 함수 $h'(t)$의 부호가 음에서 양으로 바뀐다.

따라서 함수 $h(t)$는 $t = 3$에서 극소이자 최소이다.

$\therefore \alpha = 3$

$f(\alpha) = f(3) = 3 \times 3^2 + 5 = 32$

30.

수학 영역

공통

1	⑤	2	⑤	3	①	4	④	5	①
6	①	7	①	8	①	9	①	10	⑤
11	①	12	④	13	④	14	①	15	✕
16	9	17	37	18	15	19	27	20	5
21	225	22	✕						

확률과 통계

23	④	24	②	25	③	26	②	27	③
28	④	29	236	30	✕				

미적분

23	②	24	①	25	⑤	26	②	27	①
28	④	29	1	30	✕				

해설

1. 정답 ⑤

$$2^{2+\sqrt{3}} \times \left(\frac{1}{2}\right)^{-2+\sqrt{3}} = 2^{2+\sqrt{3}} \times 2^{2-\sqrt{3}} = 2^4 = 16$$

2. 정답 ⑤

$\displaystyle\int_0^a (2x-4)\,dx = 32$ 에서 $\left[x^2 - 4x\right]_0^a = 32$

$a^2 - 4a = 32$, $(a+4)(a-8) = 0$

$a = -4$ 또는 $a = 8$

따라서 모든 실수 a의 값의 합은 $-4 + 8 = 4$

3. 정답 ①

$\sin^2\theta = 1 - \cos^2\theta = \dfrac{9}{16}$ 이고

$\dfrac{\pi}{2} < \theta < \pi$ 이므로 $\sin\theta = \dfrac{3}{4}$

따라서 $\sin(\pi + \theta) = -\sin\theta = -\dfrac{3}{4}$

4. 정답 ④

주어진 그래프에서 $\displaystyle\lim_{x \to -1+} f(x) = 1$, $\displaystyle\lim_{x \to 2-} f(x) = 3$ 이므로

$\displaystyle\lim_{x \to -1+} f(x) + \lim_{x \to 2-} f(x) = 1 + 3 = 4$

5. 정답 ①

$f'(x) = 3x^2 + a$ 이므로 곡선 위의 점 $(0, b)$ 에서의
접선의 방정식은 $y - b = a(x - 0)$, 즉 $y = ax + b$ 이다.
이 직선이 두 점 $(2, 6)$, $(3, b+9)$ 을 모두 지나므로
$6 = 2a + b$ 이고 $b + 9 = 3a + b$
따라서 $a = 3$, $b = 0$ 이므로
$a + b = 3$

6. 정답 ①

등비수열 $\{a_n\}$의 공비가 r 이므로, 연속된 항들 사이에는
다음과 같은 관계가 성립한다.

$a_{3k-1} = r \times a_{3k-2}$

$a_{3k} = r^2 \times a_{3k-2}$

위 관계를 이용하여 주어진 식의 각 부분합을

$\sum_{k=1}^{n} a_{3k-2}$ 에 대하여 표현하면 다음과 같다.

$\sum_{k=1}^{n} a_{3k-1} = \sum_{k=1}^{n} (r \cdot a_{3k-2}) = r\sum_{k=1}^{n} a_{3k-2}$

$\sum_{k=1}^{n} a_{3k} = \sum_{k=1}^{n} (r^2 \cdot a_{3k-2}) = r^2\sum_{k=1}^{n} a_{3k-2}$

주어진 식에 위 결과를 대입한다.

$\sum_{k=1}^{n} a_{3k-2} + r\sum_{k=1}^{n} a_{3k-2} = 6r^2\sum_{k=1}^{n} a_{3k-2}$

$\sum_{k=1}^{n} a_{3k-2} \neq 0$ 이므로 양변을 나누어 약분하면 r 에 대한

이차방정식을 얻는다.

$1 + r = 6r^2$

$6r^2 - r - 1 = 0$

$(2r-1)(3r+1) = 0$

따라서 $r = \dfrac{1}{2}$ 또는 $r = -\dfrac{1}{3}$ 이다.

문제의 조건에서 공비가 양수라고 하였으므로 $r = \dfrac{1}{2}$ 이다.

첫째항 $a_1 = 1$이고 $r = \dfrac{1}{2}$이므로, 일반항은

$a_n = (\dfrac{1}{2})^{n-1}$이다.

구하고자 하는 a_7 의 값은

$a_7 = \left(\dfrac{1}{2}\right)^{7-1} = \left(\dfrac{1}{2}\right)^6 = \dfrac{1}{64}$

따라서 $p = 64, q = 1$ 이며,

$p + q = 64 + 1 = 65$ 이다.

7. 정답 ①

$y = 2^x$의 그래프를 x축의 방향으로 m만큼 평행이동하면
$y = 2^{x-m}$이다.

$y = \log_2 x + m$의 그래프는 $y = 2^{x-m}$과 역함수 관계이므로
$y = x$에 대하여 서로 대칭인 그래프이다.

$x = 4$에서 두 그래프가 만나므로, 두 그래프는 $(4, 4)$를
지난다.

따라서 $4 = \log_2 4 + m$, $m = 2$

8. 정답 ①

$f(x) = (x-1)(x-2)(x-a) + x + 1$이다.

$f'(x) = (x-2)(x-a) + (x-1)(x-a) + (x-1)(x-2) + 1$

이므로

$f'(x) = 3x^2 - (2a+6)x + 3a + 3$이다.

$f'(x)$는 $x = \dfrac{2a+6}{6}$에서 최솟값을 갖는다.

$\dfrac{2a+6}{6} = 2$이므로 $a = 3$이다.

따라서 $f(3) = 4$이다.

[다른 풀이]

$f(x)$는 삼차함수이므로 $f'(x)$는 이차함수이고 $x = 2$에서
최솟값을 가지므로 $f'(x)$는 $x = 2$에 대하여 대칭이다.

따라서 $f(x)$는 $(2, f(2))$에 대하여 대칭이다.

즉 두 점 $(1, f(1))$, $(3, f(3))$의 중점이 $(2, f(2))$이므로

$\qquad f(2) = \dfrac{f(1) + f(3)}{2}$

$\qquad 3 = \dfrac{2 + f(3)}{2}$, $f(3) = 4$

9. 정답 ①

함수 $y = \sin 4x$의 그래프를 x축의 방향으로 $\dfrac{\pi}{8}$만큼

평행이동하면

$y = \sin 4\left(x - \dfrac{\pi}{8}\right) = \sin\left(4x - \dfrac{\pi}{2}\right) = -\cos 4x$

이므로

$g(x) = -\cos 4x$

방정식 $\{f(x)\}^2 = \dfrac{8}{3}g(x)$에서

$\sin^2 4x = -\dfrac{8}{3}\cos 4x$

$1 - \cos^2 4x = -\dfrac{8}{3}\cos 4x$

$3\cos^2 4x - 8\cos 4x - 3 = 0$

$(3\cos 4x + 1)(\cos 4x - 3) = 0$ ⋯⋯ ㉠

$0 \leq x < \pi$, 즉 $0 \leq 4x < 4\pi$일 때,

$-1 \leq \cos 4x \leq 1$이므로

㉠에서 $3\cos 4x + 1 = 0$, $\cos 4x = -\dfrac{1}{3}$

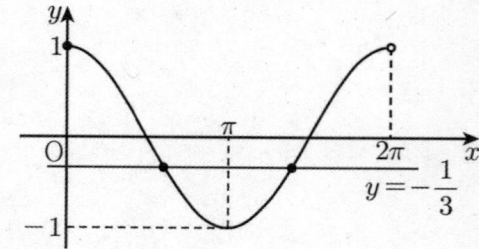

이때 $4x=X$라 하면 $0 \le X < 4\pi$이고, $\cos X=-\dfrac{1}{3}$이므로

$\cos 4x=-\dfrac{1}{3}$을 만족시키는 실수 x는 4개가 존재하므로

$\cos 4x$의 합은 $4 \times \left(-\dfrac{1}{3}\right)=-\dfrac{4}{3}$이다.

10. 정답 ⑤

등차수열 a_n의 첫째항을 a_1, 공차를 d $(d$는 자연수$)$라 하면

$S_p=a_p$에서 $p=1$일 때 성립한다.

$p>1$일 때, $S_{p-1}=\dfrac{p-1}{2}2a_1+(p-2)d=0$에서

$d \ne 0$이므로 $2a_1+(p-2)d=0 \cdots$ ① 이다.

조건 (나)에서 $a_5=a_1+4d=0$이므로 $a_1=-4d$이다.

이를 식 ①에 대입하면

$2(-4d)+(p-2)d=0(-8+p-2)d=0$

d는 자연수이므로 $p-10=0$, 즉 $p=10$이다.

따라서 $S_p=a_p$를 만족시키는 모든 자연수 p는 1과

10이며, 그 합 m은 $m=1+10=11$

$S_q \le 11q$에서 q는 자연수이므로 양변을 q로 나누면

$\dfrac{S_q}{q} \le 11$이다.

등차수열의 합 공식에 의해

$\dfrac{1}{2}2a_1+(q-1)d \le 112a_1+(q-1)d \le 22$

여기에 $a_1=-4d$를 대입하면:

$-8d+(q-1)d \le 22(q-9)d \le 22q-9 \le \dfrac{22}{d}$

$\therefore q \le \dfrac{22}{d}+9 \cdots$ ②

②를 만족시키는 자연수 q의 개수가 11이려면 다음과
같아야 한다.

$11 \le \dfrac{22}{d}+9 < 12$

각 변에서 9를 빼면: $2 \le \dfrac{22}{d} < 3$

이를 만족시키는 자연수 d의 범위를 구하면:

$\dfrac{22}{3} < d \le \dfrac{22}{2}$

$7.33\cdots < d \le 11$

따라서 자연수 d는 $8, 9, 10, 11$이다.

$a_1=-4d$이므로 가능한 a_1의 값은 각각

$-32, -36, -40, -44$이다.

따라서 가능한 모든 a_1의 값의 합은

$(-32)+(-36)+(-40)+(-44)=-152$

정답은 ⑤이다.

11. 정답 ①

$\alpha^{2n}=\beta^{3n}=2^{120}$에서 $\alpha=2^{\frac{60}{n}}$, $\beta=2^{\frac{40}{n}}$

α, β가 자연수가 되려면 n은 60과 40의 약수가 되어야
하므로 20의 약수이다.

$n=1, 2, 4, 5, 10, 20$이 될 수 있다.

n	1	2	4	5	10	20
α	2^{60}	2^{30}	2^{15}	2^{12}	2^6	2^3
β	2^{40}	2^{20}	2^{10}	2^8	2^4	2^2
$\alpha\beta$	2^{100}	2^{50}	2^{25}	2^{20}	2^{10}	2^5

$n=20$일 때, $\alpha\beta=2^5$이므로 $\alpha\beta \ge 2^{10}$를 만족시키지 못한다.

따라서 구하고자 하는 n의 값의 합은

$1+2+4+5+10=22$

12. 정답 ④

$f'(x)=3x^2-6x+3=3(x-1)^2$이므로

$x=1$에서 최솟값 $f'(1)=0$을 갖는다.

$f'(1)=0$이므로 $y=f(x)$ 위의 점 A$(1, 2)$에서의 접선의

방정식은 $y=2$이고 이 직선이 y축과 만나는 점의 좌표는

B$(0, 2)$이다.

곡선 위의 점 $(t, f(t))$ (단, $t \ne 1$)에서

접선의 방정식을 구하면 $y-f(t)=f'(t)(x-t)$이다.

이 직선이 점 B$(0, 2)$를 지나므로

$2-(t^3-3t^2+3t+1)=3(t-1)^2(0-t)$

$-t^3+3t^2-3t+1=-3t(t-1)^2$

$(t-1)^3=3t(t-1)^2$

$t \ne 1$이므로 $t-1=3t$

$t=-\dfrac{1}{2}$일 때 $f\left(-\dfrac{1}{2}\right)=-\dfrac{11}{8}$이므로 점 C$\left(-\dfrac{1}{2}, -\dfrac{11}{8}\right)$

그러므로 $\triangle$ABC $=\dfrac{1}{2} \times 1 \times \left(2+\dfrac{11}{8}\right)=\dfrac{27}{16}$

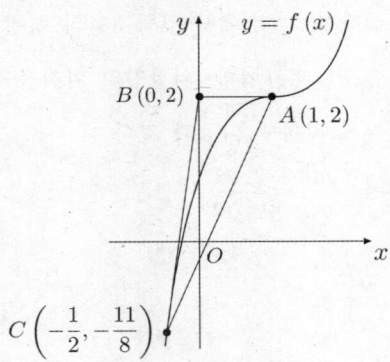

13. 정답 ④

먼저 삼각형 DCN에서 코사인법칙을 이용하여 $\overline{NC}$의 길이를 구한다.

$\overline{NC}^2 = \overline{DN}^2 + \overline{DC}^2 - 2 \cdot \overline{DN} \cdot \overline{DC} \cdot \cos 120°$

$\overline{NC}^2 = 1^2 + 2^2 - 2 \cdot 1 \cdot 2 \cdot \left(-\dfrac{1}{2}\right) = 7$

즉, $\overline{NC} = \sqrt{7}$ 이다. 한편, $\angle NCD = \theta$라 할 때 코사인법칙에 의하여 다음과 같다.

$\cos\theta = \dfrac{\overline{NC}^2 + \overline{DC}^2 - \overline{DN}^2}{2 \cdot \overline{NC} \cdot \overline{DC}} = \dfrac{7+4-1}{2 \cdot \sqrt{7} \cdot 2} = \dfrac{5}{2\sqrt{7}}$

선분 $\overline{MD}$의 길이를 구하기 위해 평행선을 이용한 비례 관계를 활용한다.

점 M을 지나고 $\overline{BN}$과 평행한 직선을 그어 $\overline{AC}$와 만나는 점을 E라 하자.

$\triangle ABN$에서 M은 AB의 중점이고 $\overline{ME} \parallel \overline{BN}$이므로, 중점연결정리에 의해 E는 AN의 중점이다.

조건에서 $\overline{AN} : \overline{NC} = 2 : 1$이므로 $AN = 2\sqrt{7}$이고, 따라서 $AE = EN = \sqrt{7}$이다.

이때 $\overline{EN} = \sqrt{7}$, $\overline{NC} = \sqrt{7}$이므로 N은 선분 $\overline{EC}$의 중점이다.

$\triangle MEC$에서 $\overline{DN} \parallel \overline{ME}$이고 N이 $\overline{EC}$의 중점이므로, 다시 중점연결정리에 의해 D는 $\overline{MC}$의 중점이 된다.

따라서 $\overline{MD} = \overline{DC} = 2$ 이며, $\overline{MC} = \overline{MD} + \overline{DC} = 4$이다.

삼각형 AMC에서 코사인법칙을 적용하여 $\overline{AM}$의 길이를 구한다. $(\overline{AC} = 3\overline{NC} = 3\sqrt{7})$

$\overline{AM}^2 = \overline{AC}^2 + \overline{MC}^2 - 2 \cdot \overline{AC} \cdot \overline{MC} \cdot \cos\theta$

$\overline{AM}^2 = (3\sqrt{7})^2 + 4^2 - 2 \cdot 3\sqrt{7} \cdot 4 \cdot \dfrac{5}{2\sqrt{7}}$

$\overline{AM}^2 = 63 + 16 - 60 = 19$

즉, $\overline{AM} = \sqrt{19}$이며, M이 AB의 중점이므로 $\overline{MB} = \overline{AM} = \sqrt{19}$이다.

마지막으로 삼각형 MBD에서 맞꼭지각의 성질에 의해 $\angle BDM = \angle NDC = \dfrac{2\pi}{3}$이다. 외접원의 반지름을 R이라 하면 사인법칙에 의하여 다음과 같다.

$2R = \dfrac{\overline{MB}}{\sin\dfrac{2\pi}{3}} = \dfrac{\sqrt{19}}{\dfrac{\sqrt{3}}{2}} = \dfrac{2\sqrt{19}}{\sqrt{3}}$

$R = \dfrac{\sqrt{19}}{\sqrt{3}} = \dfrac{\sqrt{57}}{3}$

[다른 풀이]

$\triangle DCN$에서 $\overline{DN} = 1$, $\overline{DC} = 2$, $\angle NDC = \dfrac{2}{3}\pi$ 이므로 코사인 법칙에 의해

$\overline{NC}^2 = 1^2 + 2^2 - 2 \cdot 1 \cdot 2 \cdot \cos\left(\dfrac{2}{3}\pi\right)$

$\qquad = 1 + 4 - 4\left(-\dfrac{1}{2}\right) = 7$

따라서 $\overline{NC} = \sqrt{7}$ 이다.

또한, $\angle DCN = C$ 라 할 때, $\triangle DCN$에서 코사인 법칙을 이용하여 $\cos C$ 를 구하면

$\cos C = \dfrac{\overline{NC}^2 + \overline{DC}^2 - \overline{DN}^2}{2 \cdot \overline{NC} \cdot \overline{DC}} = \dfrac{7+4-1}{2 \cdot \sqrt{7} \cdot 2} = \dfrac{10}{4\sqrt{7}} = \dfrac{5}{2\sqrt{7}}$

점 N이 $\overline{AC}$를 $2:1$ 로 내분하므로 $\overline{AN} : \overline{NC} = 2 : 1$이다.

점 M은 $\overline{AB}$의 중점이므로 $\overline{AB} : \overline{BM} = 2 : 1$이다.

삼각형 AMC와 직선 BN에 대하여 메넬라우스 정리를 적용하면,

$\dfrac{\overline{CN}}{\overline{NA}} \times \dfrac{\overline{AB}}{\overline{BM}} \times \dfrac{\overline{MD}}{\overline{DC}} = 1$

주어진 비율을 대입하면 $(\overline{CN}/\overline{NA} = 1/2, \overline{AB}/\overline{BM} = 2/1)$,

$\dfrac{1}{2} \times \dfrac{2}{1} \times \dfrac{\overline{MD}}{\overline{DC}} = 1 \Rightarrow \dfrac{\overline{MD}}{\overline{DC}} = 1$

따라서 $\overline{MD} = \overline{DC}$ 이다. 문제에서 $\overline{DC} = 2$이므로, $\overline{MD} = 2$ 이다. 그러므로 전체 중선의 길이 $\overline{MC} = \overline{MD} + \overline{DC} = 2 + 2 = 4$가 된다.

삼각형 AMC에서 $\overline{AC} = 3\overline{NC} = 3\sqrt{7}$이고, $\overline{MC} = 4$ 이다.

코사인 법칙을 적용하면

$\overline{AM}^2 = \overline{AC}^2 + \overline{MC}^2 - 2 \cdot \overline{AC} \cdot \overline{MC} \cdot \cos C$

$\qquad = (3\sqrt{7})^2 + 4^2 - 2 \cdot (3\sqrt{7}) \cdot 4 \cdot \dfrac{5}{2\sqrt{7}}$

$\qquad = 63 + 16 - 60 = 19$

따라서 $\overline{AM} = \sqrt{19}$ 이다.

M은 $\overline{AB}$의 중점이므로 $\overline{MB} = \overline{AM} = \sqrt{19}$ 이다.

맞꼭지각의 성질에 의해 $\angle MDB = \angle NDC = \dfrac{2}{3}\pi$ 이다.

삼각형 MBD에서 사인 법칙을 적용하여 외접원의 반지름 R을 구하면,

$2R = \dfrac{\overline{MB}}{\sin(\angle MDB)} = \dfrac{\sqrt{19}}{\sin(2\pi/3)} = \dfrac{\sqrt{19}}{\dfrac{\sqrt{3}}{2}}$

$R = \dfrac{\sqrt{19}}{\sqrt{3}} = \dfrac{\sqrt{57}}{3}$

14. 정답 ①

$2\cos^2\frac{\pi}{2}x > \sin\frac{\pi}{2}x+1$에서

$2-2\sin^2\frac{\pi}{2}x > \sin\frac{\pi}{2}x+1$

$2\sin^2\frac{\pi}{2}x+\sin\frac{\pi}{2}x-1 < 0$

$\left(2\sin\frac{\pi}{2}x-1\right)\left(\sin\frac{\pi}{2}x+1\right) < 0$

$-1 < \sin\frac{\pi x}{2} < \frac{1}{2}$

자연수 n에 대하여 n이 홀수이면

$-1 < \sin\frac{\pi n}{2} < \frac{1}{2}$ 이므로 $\sin\frac{\pi n}{2}=1$또는 $\sin\frac{\pi n}{2}=-1$인

홀수 n은 조건을 만족하지 않아 $n\notin A$이다.

$\sin\frac{\pi}{2}n=1$일 때 $f(n)=0$

$\sin\frac{\pi}{2}n=-1$일 때 $f(n)=2$이다.

n이 짝수이면 $\sin\frac{n\pi}{2}=0$이고

이는 $-1 < \sin\frac{\pi n}{2} < \frac{1}{2}$를 만족하므로 $n\in A$이다.

따라서, $f(n)=\cos(n\pi)=1$이다.

$f(n)$의 정의에 의해 $n\in A$이면 $f(n)=\cos(n\pi)=1$이고

$n\notin A$이면 문제에서 주어진 규칙에 따라 $f(n)$은 다음과 같이 결정된다.

$\sum_{k=1}^{10} kf(2k)=\sum_{k=1}^{10} k=\frac{10\times 11}{2}=55$ ······ ㉠

$\sum_{k=1}^{m} kf(2k-1)$에서, k가 홀수번째 일 때는 $f(2k-1)=0$

짝수번째 일 때는 $f(2k-1)=2$이므로

m이 짝수일 때 (자연수 m에 대해)

$\sum_{k=1}^{m} kf(2k-1)=2\times(2+4+\cdots+m)$

$\qquad\qquad = 2\times\frac{2+m}{2}\times\frac{m}{2}=\frac{m(m+2)}{2}$

㉠에 따라

$\frac{m(m+2)}{2}\geq 55$, $m(m+2)\geq 110$이므로

m의 최솟값은 10

m이 홀수일 때

$\sum_{k=1}^{m} kf(2k-1)=2\times(2+4+\cdots+m-1)$

$\qquad\qquad = 2\times\frac{2+m-1}{2}\times\frac{m-1}{2}$

$\qquad\qquad = \frac{(m+1)(m-1)}{2}$

㉠에 따라 $\frac{(m+1)(m-1)}{2}\geq 55$, $(m+1)(m-1)\geq 110$

이므로 m의 최솟값은 11

따라서 $p=10$, $f(p)=f(10)=1$

$p+f(p)=10+1=11$이다.

15.

16. 정답 9

$x>0$, $x-5>0$에서 $x>5$ $\qquad$ ··· ㉠

$\log_3 x+\log_3(x-5)=2\log_3 6$에서

$\log_3 x(x-5)=\log_3 6^2$

$\qquad x(x-5)=36$, $x^2-5x-36=0$

$\qquad (x+4)(x-9)=0$

$\qquad \therefore x=-4$ 또는 $x=9$ $\quad$ ··· ㉡

따라서 ㉠과 ㉡에서 구하는 해는 $x=9$

17. 정답 37

$\frac{11}{n^2+2n}=\frac{11}{n(n+2)}=\frac{11}{2}\left(\frac{1}{n}-\frac{1}{n+2}\right)$에

$n=2$ 부터 $n=10$ 까지 대입하여 나열하면

$\frac{11}{2}\left(\frac{1}{2}+\frac{1}{3}-\frac{1}{11}-\frac{1}{12}\right)=\frac{29}{8}$이므로

$p+q=37$

18. 정답 15

$\sum_{n=1}^{10} a_n=A, \sum_{n=1}^{10} b_n=B$ 라 하자.

시그마의 선형성에 의해 주어진 식은 다음과 같이 변형된다.

$\begin{cases} A+2B=110\cdots① \\ 2A-B=195\cdots② \end{cases}$

식 ②의 양변에 2를 곱하면

$4A-2B=390\cdots③$

식 ①과 ③을 더하면

$5A=500\Rightarrow A=100$

$A=100$ 을 식 ①에 대입하면

$100+2B=110\Rightarrow 2B=10\Rightarrow B=5$

따라서 $\sum_{n=1}^{10} a_n=100$, $\sum_{n=1}^{10} b_n=5$ 이다.

$S_{10}=\frac{10(a_1+a_{10})}{2}=5(a_1+a_{10})$ 을 이용한다.

수열 $\{a_n\}$ 에 대하여 $a_1 = 1$ 이므로

$5(1+a_{10}) = 100 \Rightarrow 1+a_{10} = 20 \Rightarrow a_{10} = 19$

수열 $\{b_n\}$ 에 대하여 $b_1 = 5$ 이므로

$5(5+b_{10}) = 5 \Rightarrow 5+b_{10} = 1 \Rightarrow b_{10} = -4$

$a_{10} + b_{10} = 19 + (-4) = 15$

19. 정답 27

조건 (가)에서 함수 $f(x) = \tan\left(\dfrac{a}{2}x + 3b\right)$ 의 주기가

$\dfrac{3\pi}{4}$ 이므로

$\dfrac{2\pi}{a} = \dfrac{3\pi}{4}$ 에서 $a = \dfrac{8}{3}$

함수 $y = \tan\dfrac{4}{3}x$ 의 그래프의 점근선의 방정식은

$\dfrac{4}{3}x = n\pi + \dfrac{\pi}{2}$ (n은 정수)에서

$x = \dfrac{3n}{4}\pi + \dfrac{3\pi}{8}$

함수 $f(x) = \tan\left(\dfrac{4}{3}x + 3b\right) = \tan\dfrac{4}{3}\left(x + \dfrac{9b}{4}\right)$ 의 그래프는

함수 $y = \tan\dfrac{4}{3}x$ 의 그래프를 x축의 방향으로

$-\dfrac{9b}{4}$ $\left(-\dfrac{3}{8}\pi < -\dfrac{9b}{4} < 0\right)$ 만큼 평행이동한 것이므로

함수 $f(x) = \tan\left(\dfrac{4}{3}x + 3b\right)$ 의 그래프의 점근선의 방정식은

$x = \dfrac{3n}{4}\pi + \dfrac{3\pi}{8} - \dfrac{9b}{4}$

조건 (나)에서 함수 $y = f(x)$ 의 그래프와 만나지 않는
직선 $x = k$는 함수 $y = f(x)$ 의 그래프의 점근선이고,

양의 실수 k의 최솟값이 $\dfrac{1}{8}\pi$ 이므로

$\dfrac{3}{8}\pi - \dfrac{9}{4}b = \dfrac{1}{8}\pi$.

$b = \dfrac{1}{9}\pi$

따라서 $f(x) = \tan\left(\dfrac{4}{3}x + \dfrac{\pi}{3}\right)$ 이므로

$a = \dfrac{8}{3}$, $b = \dfrac{1}{9}\pi$.

$\therefore \dfrac{8\pi}{ab} = \dfrac{8\pi}{\dfrac{8\pi}{27}} = 27$

이다.

20. 정답 5

$a > 0$ 이므로 함수 $f(x)$ 의 그래프는 다음과 같다.

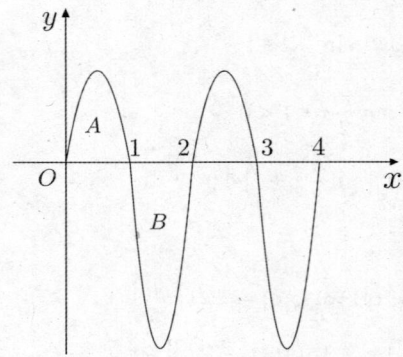

함수 $f(x)$ 와 x축으로 둘러싸인 부분의 넓이 중
$0 \le x \le 1$ 에서의 넓이를 A, $1 \le x \le 2$ 에서의 넓이를
B라 하자.

$g\left(\dfrac{5}{2}\right) = \displaystyle\int_{\frac{5}{2}}^{\frac{9}{2}} \left| f(t) - f\left(\dfrac{5}{2}\right) \right| dt = B + 2 \times f\left(\dfrac{1}{2}\right) - A$

$\qquad\qquad = B + 2 \times \dfrac{1}{4}a - A$

$g(2) = \displaystyle\int_{2}^{4} |f(t) - f(2)| dt = \int_{0}^{2} |f(t)| dt = A + B$

$g\left(\dfrac{5}{2}\right) + g(2) = 7$ 에서 $\dfrac{1}{2}a + 2B = 7$

$B = \dfrac{a}{3}$ 이므로 $\dfrac{7}{6}a = 7$

$\therefore a = 6$ 이다.

따라서 $A = 1$, $B = 2$ 이다.

$g\left(\dfrac{3}{2}\right) = \displaystyle\int_{\frac{3}{2}}^{\frac{7}{2}} \left| f(t) - f\left(\dfrac{3}{2}\right) \right| dt$

$\qquad = A + 2 \times \dfrac{1}{2}a - B$

$\qquad = 1 + 6 - 2 = 5$

21. 정답 225

곡선 $y = f(x) = a^x + 2$가 y축($x = 0$)과 만나는 점 B의 y좌표는

$f(0) = a^0 + 2 = 1 + 2 = 3$

이므로, B(0,3)이다.

점 A의 좌표를 (x_1, y_1)이라 하자.

선분 AB를 $2:1$로 외분하는 점 P가 x축 위에 있다는 것은, 점 P의 y좌표가 0임을 의미한다.

선분 AB를 $2:1$로 외분하는 점의 y좌표는 다음과 같다.

$$\frac{2 \times y_B - 1 \times y_A}{2 - 1} = 0$$

$$\frac{2 \times 3 - y_1}{1} = 0 \Rightarrow 6 - y_1 = 0$$

따라서 점 A의 y좌표는 6이다.

점 A는 두 곡선의 교점이므로 $f(x_1) = 6$이다.

$a^{x_1} + 2 = 6 \Rightarrow a^{x_1} = 4 \Rightarrow x_1 = \log_a 4$

또한 A는 $y = g(x)$위의 점이므로 $g(x_1) = 6$이다.

$a^{k - x_1} - 2 = 6 \Rightarrow a^{k - x_1} = 8$

위 식을 정리하면 $\dfrac{a^k}{a^{x_1}} = 8$이고, $a^{x_1} = 4$를 대입하면,

$$\frac{a^k}{4} = 8 \Rightarrow a^k = 32$$

따라서 $k = \log_a 32$이다.

곡선 $y = g(x)$가 x축($y = 0$)과 만나는 점 C의 x좌표를 x_2라 하면,

$a^{k - x_2} - 2 = 0 \Rightarrow a^{k - x_2} = 2$

로그 정의에 의해 $k - x_2 = \log_a 2$ 이므로,

$$x_2 = k - \log_a 2 = \log_a 32 - \log_a 2 = \log_a \left(\frac{32}{2} \right) = \log_a 16$$

즉, $C(\log_a 16, 0)$이다.

세 점 $A(\log_a 4, 6)$, $B(0,3)$, $C(\log_a 16, 0)$에 대하여

$\angle BAC = \dfrac{\pi}{2}$이므로, 직선 AB와 직선 AC의 기울기의 곱은 -1이다.

(1) 직선 AB의 기울기: $m_1 = \dfrac{6 - 3}{\log_a 4 - 0} = \dfrac{3}{\log_a 4}$

(2) 직선 AC의 기울기:

$$m_2 = \frac{6 - 0}{\log_a 4 - \log_a 16}$$

$$= \frac{6}{\log_a (4/16)} = \frac{6}{\log_a (1/4)} = \frac{6}{-2\log_a 2} = -\frac{3}{\log_a 2}$$

(3) 기울기의 곱:

$$m_1 \times m_2 = \frac{3}{2\log_a 2} \times \left(-\frac{3}{\log_a 2} \right) = -1$$

$$-\frac{9}{2(\log_a 2)^2} = -1 \Rightarrow (\log_a 2)^2 = \frac{9}{2}$$

따라서 $\log_a 2 = \dfrac{3}{\sqrt{2}}$ ($a > 1$이므로 양수)

위에서 $k = \log_a 32 = 5\log_a 2$ 였으므로,

$$k = 5 \times \frac{3}{\sqrt{2}} = \frac{15}{\sqrt{2}}$$

구하고자 하는 값은: $2k^2 = 2 \times \left(\dfrac{15}{\sqrt{2}} \right)^2 = 2 \times \dfrac{225}{2} = 225$

22.

확률과 통계

23. 정답 ④

$E(X) = n \times \dfrac{1}{4} = 20$

따라서 $n = 80$

24. 정답 ②

여사건을 이용한 풀이를 이용하도록 하자.

전체에서 앞면과 뒷면이 나오는 횟수가 같은 사건의 확률을 빼자.

$$1 - {}_4C_2 \left(\frac{1}{2} \right)^4 = \frac{5}{8}$$

25. 정답 ③

$\overline{X} = 0$ 이 되는 경우를 순서쌍으로 표현하면

$(-1, 1)$, $(0, 0)$, $(1, -1)$ 이다.

$P(\overline{X} = 0) = 2a^2 + b^2 = \dfrac{1}{2}$

$2a + b = 1$이므로

$a = \dfrac{1}{6}$, $b = \dfrac{2}{3}$ 또는 $a = \dfrac{1}{2}$, $b = 0$이다.

$b \neq 0$ 이므로 $a = \dfrac{1}{6}$, $b = \dfrac{2}{3}$

$E(X) = 0$, $E(X^2) = \dfrac{1}{3}$ 이므로

$V(X) = \dfrac{1}{3}$ 이고, $V(\overline{X}) = \dfrac{1}{6}$ 이다.

26. 정답 ②

수험생의 시험 성적을 확률변수 X라 하면

X는 정규분포 $N(83,\ 3^2)$을 따르므로

확률변수 $Z = \dfrac{X-83}{3}$은 표준정규분포 $N(0,\ 1)$을 따른다.

어썸대학교에 합격할 확률은

$$P(X \geq 89) = P\left(Z \geq \frac{89-83}{3}\right)$$
$$= P(Z \geq 2)$$
$$= 0.5 - P(0 \leq Z \leq 2)$$
$$= 0.5 - 0.48 = 0.02$$

이므로 합격한 학생수는 $5000 \times 0.02 = 100$

합격생 중 확률과 통계를 수강했던 학생수를 $3x$, 확률과 통계를 수강하지 않았던 학생수를 x라 하면 전체 합격자수 $4x = 100$명이므로 $x = 25$명이다.

따라서 $3x = 75$

27. 정답 ③

$P(A \cap B) = P(A)P(B)$ 임을 확인하자.

$P(B) = \dfrac{1}{5}$

(ⅰ) $n = 1$ 일 때,

$A = \{2, 3, 4, 5, 6, 7, 8, 9, 10\}$

$P(A) = \dfrac{9}{10},\ P(A \cap B) = \dfrac{1}{5}$

독립이 아니다.

(ⅱ) $n = 2$일 때,

$A = \{1, 3, 5, 7, 9\}$

$P(A) = \dfrac{1}{2},\ P(A \cap B) = \dfrac{1}{10}$

독립이다.

(ⅲ) $n = 3$일 때,

$A = \{1, 2, 4, 5, 7, 8, 10\}$

$P(A) = \dfrac{7}{10},\ P(A \cap B) = \dfrac{1}{10}$

독립이 아니다.

(ⅳ) $n = 4$일 때,

$A = \{1, 3, 5, 7, 9\}$

$P(A) = \dfrac{1}{2},\ P(A \cap B) = \dfrac{1}{10}$

독립이다.

(ⅴ) $n = 5$일 때,

$A = \{1, 2, 3, 4, 6, 7, 8, 9\}$

$P(A) = \dfrac{4}{5},\ P(A \cap B) = \dfrac{1}{5}$

독립이 아니다.

(ⅵ) $n = 6$일 때,

$A = \{1, 5, 7\}$

$P(A) = \dfrac{3}{10},\ P(A \cap B) = 0$

독립이 아니다.

(ⅶ) $n = 7$ 일 때,

$A = \{1, 2, 3, 4, 5, 6, 8, 9, 10\}$

$P(A) = \dfrac{9}{10},\ P(A \cap B) = \dfrac{1}{5}$

독립이 아니다.

(ⅷ) $n = 8$일 때,

$A = \{1, 3, 5, 7, 9\}$

$P(A) = \dfrac{1}{2},\ P(A \cap B) = \dfrac{1}{10}$

독립이다.

(ⅸ) $n = 9$일 때,

$A = \{1, 2, 4, 5, 7, 8, 10\}$

$P(A) = \dfrac{7}{10},\ P(A \cap B) = \dfrac{1}{10}$

독립이 아니다.

(ⅹ) $n = 10$일 때,

$A = \{1, 3, 7, 9\}$

$P(A) = \dfrac{2}{5},\ P(A \cap B) = \dfrac{1}{10}$

독립이 아니다.

따라서 만족하는 n값의 합은 $2 + 4 + 8 = 14$

[다른 풀이]

$P(A)P(B) = P(A \cap B)$

$\dfrac{1}{5}P(A) = P(A \cap B)$에서

$P(A \cap B) = 0$ 또는 $\dfrac{1}{10}$ 또는 $\dfrac{1}{5}$이다.

10이하의 자연수 n에 대하여 집합 A는 공집합일 수 없으므로 $P(A \cap B) \neq 0$ 이고

$P(A) \neq 1$ 이므로 $P(A) = \dfrac{1}{2}$, $P(A \cap B) = \dfrac{1}{10}$이다.

$P(A \cap B) = \dfrac{1}{10}$ 이므로 n의 값은 6을 제외한 2의 배수 또는 3의 배수이어야 하고, 6을 제외한 3의 배수인 $n = 3$, $n = 9$인 경우

$n(A) = 7$이므로 $n = 2$, $n = 4$, $n = 8$ 이다.

28. 정답 ④

A, B, C를 제외한 6명의 학생 중 3명을 선택하는 경우 : $_6C_3$

A, B, C는 이웃하므로 하나로 취급하여 A, B, C를 포함한 6명의 학생이 원탁의 둘러앉는 경우 : $\dfrac{4!}{4}$

A와 B, C가 자리를 바꾸는 경우 : $3!$

따라서 $_6C_3 \times \dfrac{4!}{4} \times 3! = 720$이다.

29. 정답 236

사건 A를 뽑은 카드에 적힌 4개의 수의 곱이 짝수가
되는 경우
사건 B를 갑이 뽑은 카드에 적힌 2개의 수의 합이 6이
되는 경우라 하자.

$P(A) = 1 - ($뽑은 카드에 적힌 4개의 수의 곱이 홀수$)$

$\qquad = 1 - \dfrac{{}_4C_2 \times {}_2C_2}{{}_8C_2 \times {}_6C_2}$

$\qquad = 1 - \dfrac{6}{420}$

$\qquad = \dfrac{207}{210}$

$\qquad = \dfrac{69}{70}$

$A \cap B$가 가능한 경우를 표로 표현하면

갑	경우의 수	을	경우의수
카드 1 카드 5	흰색카드 1 검은색카드 5 (1가지)	6개 중 2개 뽑을 때 홀수 2개 뽑는 경우 제외	${}_6C_2 - 1$
카드 2 카드 4	흰색카드2 흰색카드4 이거나 흰색카드 2 검은색카드 4 (2가지)		${}_6C_2$
카드 3 카드 3	흰색카드 3 검은색카드 3 (1가지)	6개 중 2개 뽑을 때 홀수 2개 뽑는 경우 제외	${}_6C_2 - 1$

$P(A \cap B) = \dfrac{14 \times 2 + 15 \times 2}{{}_8C_2 \times {}_6C_2} = \dfrac{29}{210}$

$P(B|A) = \dfrac{\dfrac{29}{210}}{\dfrac{207}{210}} = \dfrac{29}{207}$

따라서 $p + q = 236$

30.

미적분

23. 정답 ②

$\displaystyle\lim_{x \to 0} \dfrac{e^{2x} - 1}{3x^2 + 6x} = \lim_{x \to 0}\left(\dfrac{e^{2x} - 1}{2x} \times \dfrac{2x}{3x^2 + 6x} \right)$

$\qquad\qquad\qquad = \displaystyle\lim_{x \to 0}\dfrac{e^{2x} - 1}{2x} \times \lim_{x \to 0}\dfrac{2}{3x + 6} = 1 \times \dfrac{1}{3} = \dfrac{1}{3}$

24. 정답 ①

$f(x) = \displaystyle\int x \sin x \, dx$

$\qquad = x(-\cos x) + \displaystyle\int \cos x \, dx$

$\qquad = -x \cos x + \sin x + C$

함수 $f(x)$가 원점을 지나므로 $(0, 0)$을 대입하면 $C = 0$

$f(x) = -x \cos x + \sin x$

따라서 $f\left(\dfrac{\pi}{2}\right) = 1$

25. 정답 ⑤

$S = \displaystyle\int_0^1 x e^{x^2} dx$

$x^2 = t$로 치환하면 $x \, dx = \dfrac{1}{2} dt$이고 위끝은 1,

아래 끝은 0으로 동일하다. 따라서

$\displaystyle\int_0^1 x e^{x^2} dx = \int_0^1 \dfrac{1}{2} e^t dt$

$\qquad\qquad\qquad = \dfrac{1}{2}\left[e^t \right]_0^1$

$\qquad\qquad\qquad = \dfrac{(e - 1)}{2}$

26. 정답 ②

매개변수 $t \, (t > 0)$으로 나타내어진 곡선 $x = e^{-t} \sin t$,
$y = e^{-t} \cos t$에 대하여

$\dfrac{dx}{dt} = e^{-t}(\cos t - \sin t)$

$\dfrac{dy}{dt} = -e^{-t}(\cos t + \sin t)$에서

$\sqrt{\left(\dfrac{dx}{dy}\right)^2 + \left(\dfrac{dy}{dt}\right)^2} = \sqrt{2}\, e^{-t}$이므로

$t = 0$에서 $t = k$까지 곡선의 길이는

$\displaystyle\int_0^k \sqrt{2}\, e^{-t} dt = -\sqrt{2}\left[e^{-t} \right]_0^k$

$\qquad\qquad\qquad = -\sqrt{2}\left(\dfrac{1}{e^k} - 1 \right)$

$\qquad\qquad\qquad = \dfrac{3\sqrt{2}}{4}$

이므로 $\dfrac{1}{e^k} = \dfrac{1}{4}$이다.

따라서 $k = \ln 4$이다.

27. 정답 ①

$\ln|s-t+1|=t$을 s에 관한 식으로 나타내면

$|s-t+1|=e^t \Rightarrow s=t+e^t-1$ (모든 t에 대하여 $s>0$)

한편, $\dfrac{dx}{dt}=f'(t)$, $\dfrac{dy}{dt}=2e^{\frac{t}{2}}$ 이므로

$t=2$일 때, 점 P의 속도는 $(f'(2),\ 2e)$ 에서

$f'(2)=1-e^2$ 이다.

또한, $\dfrac{d^2x}{dt^2}=f''(t)$, $\dfrac{d^2y}{dt^2}=e^{\frac{t}{2}}$ 이므로

$t=4$일 때 점 P의 가속도는 $(f''(4),\ e^2)$ 에서

$f''(4)=a$, $b=e^2$ 이다.

따라서

$\displaystyle\int_0^t \sqrt{\left(\dfrac{dx}{dk}\right)^2+\left(\dfrac{dy}{dk}\right)^2}\,dk=s$ 이므로

$\displaystyle\int_0^t \sqrt{(f'(k))^2+\left(2e^{\frac{k}{2}}\right)^2}\,dk=t+e^t-1$ 이다.

양변을 t에 대하여 미분하면

$\sqrt{(f'(t))^2+4e^t}=1+e^t$

양변을 제곱하여 정리하면

$\{f'(t)\}^2=(1-e^t)^2$

$f'(2)=1-e^2$ 이므로 $f'(t)=1-e^t$ 이다.

그러므로 $f''(t)=-e^t$

따라서 $a=f''(4)=-e^4$

$ab=-e^6$

28. 정답 ④

a_2에 따른 a_5를 구해보자.

a_2	a_3	a_4	a_5
-2	$-2+p$ (-)	$-2+2p$ (-)	$-2+3p$
	$-2+p$ (-)	$-2+2p$ (+)	$1-p$
	$-2+p$ (+)	$1-\dfrac{1}{2}p$ (-)	$1+\dfrac{1}{2}p$

$a_3+a_5=\dfrac{7}{2}$ 이므로

(i) $a_5=-2+3p$ 일 때, $p=\dfrac{15}{8}$ 이다.

   $a_3, a_4<0$ 이어야 하는데 $a_4>0$ 이므로 모순

(ii) $a_5=1-p$ 일 때, $a_3+a_5=-1\neq\dfrac{7}{2}$ 이므로 모순

(iii) $a_5=1+\dfrac{1}{2}p$ 일 때, $p=3$일 때, 조건을 만족한다.

   이 경우 수열을 나열하면

   $a_1=-5,\ 4$

   $a_2=-2,\ a_3=1,\ a_4=-\dfrac{1}{2},\ a_5=\dfrac{5}{2},$

$a_6=-\dfrac{5}{4},\ a_7=\dfrac{7}{4},\ a_8=-\dfrac{7}{8},\ \cdots$

이다.

$a_{2n}+1$ 을 나열하면

$a_2+1=-1,\ a_4+1=\dfrac{1}{2},\ a_6+1=-\dfrac{1}{4},$

$a_8+1=\dfrac{1}{8},\ a_{10}+1=-\dfrac{1}{16},\ \cdots$

$\displaystyle\sum_{n=1}^{\infty}(a_{2n}+1)$ 은 첫째항이 -1, 공비가 $-\dfrac{1}{2}$ 인

등비급수의 합이다.

$\displaystyle\sum_{n=1}^{\infty}(a_{2n-1}-2)=-2\sum_{n=1}^{\infty}(a_{2n}+1)$ 인 관계가 성립하려면

$a_1=4$가 되어야 한다.

$a_1-2=2,\ a_3-2=-1,\ a_5-2=\dfrac{1}{2},$

$a_7-2=-\dfrac{1}{4},\ a_9-2=\dfrac{1}{8},\ a_{11}-2=-\dfrac{1}{16},$

$\cdots$

$\displaystyle\sum_{n=1}^{\infty}(a_{2n-1}-2)$ 는 첫째항이 2, 공비가 $-\dfrac{1}{2}$ 인 등비급수의

합이다.

따라서 $\displaystyle\sum_{n=1}^{\infty}(a_{2n-1}-2)=-2\sum_{n=1}^{\infty}(a_{2n}+1)$ 인 관계가 성립하게

된다.

따라서 이때, $p=3$, $a_1=4$, $a_5=\dfrac{5}{2}$ 이므로

$p\times a_1\times a_5=30$ 이다.

29. 정답 1

$f(x)=\dfrac{2\ln x}{x}$ 에서 $(x>0)$

$f'(x)=\dfrac{\dfrac{2}{x}\times x-2\ln x}{x^2}=\dfrac{2-2\ln x}{x^2}$

$f''(x)=\dfrac{-\dfrac{2}{x}\times x^2-(2-2\ln x)\times 2x}{x^4}$

$\quad\quad=\dfrac{-6+4\ln x}{x^3}$

$f'(x)=0$ 에서 $2-2\ln x=0$

$\quad \ln x=1 \quad\quad \therefore\ x=e$

$f''(x)=0$ 에서 $\quad -6+4\ln x=0$

$\quad \ln x=\dfrac{3}{2} \quad\quad \therefore\ x=e\sqrt{e}$

x	0	$\cdots$	e	$\cdots$	$e\sqrt{e}$	$\cdots$
$f'(x)$		$+$	0	$-$	$-$	$-$
$f''(x)$		$-$	$-$	$-$	0	$+$
$f(x)$		$\nearrow$	$\dfrac{2}{e}$	$\searrow$	$\dfrac{3}{e\sqrt{e}}$	$\searrow$

또 $\displaystyle\lim_{x\to 0+}\left(\dfrac{2\ln x}{x}\right)=-\infty$, $\displaystyle\lim_{x\to\infty}\left(\dfrac{2\ln x}{x}\right)=0$ 이므로 함수

$y=f(x)$ 의 그래프는 다음 그림과 같다.

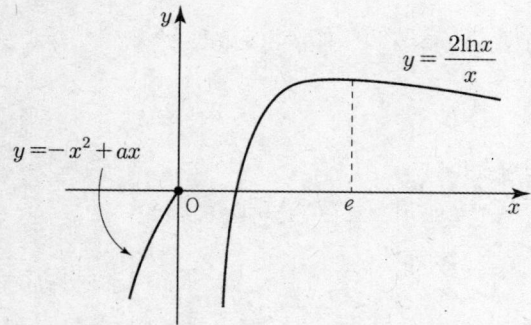

$xf(t)=tf(x)$ 에서 $f(x)=\dfrac{f(t)}{t}x$이므로 x에 대한 방정식

$xf(t)=tf(x)$ 의 서로 다른 실근은 곡선 $y=f(x)$ 와 직선

$y=\dfrac{f(t)}{t}x$ 의 교점의 x좌표이다.

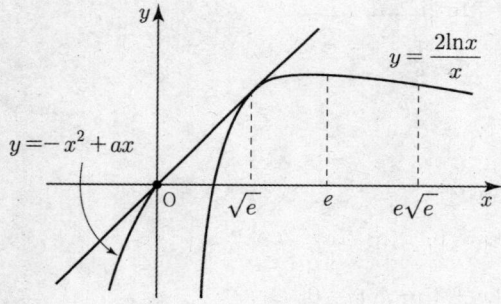

먼저 $y=\dfrac{f(t)}{t}x$ 가 원점에서 $y=-x^2+ax$에 접하는

경우를 살펴보면 점 $(t,f(t))$에서 $y=\dfrac{2\ln x}{x}$에 접할

때이므로

$$a=\dfrac{2(1-\ln t)}{t^2},\ \dfrac{4\ln t-2}{t^2}=0$$

즉 $t=\sqrt{e}$ 일 때이므로 $k=\sqrt{e}$, $a=\dfrac{1}{e}$

이때, 접선의 방정식은 $y=\dfrac{1}{e}x$가 된다.

$g(k)<\displaystyle\lim_{t\to k-}g(t)$ 를 만족하려면 $\displaystyle\lim_{x\to 0-}\dfrac{f(x)}{x}=a\geq\dfrac{1}{e}$이어야

한다.

$\therefore\ ak^2\geq 1$

수학 영역

빠른 정답		해설

빠른 정답

공통

1	①	2	③	3	①	4	④	5	⑤
6	④	7	④	8	③	9	①	10	②
11	③	12	③	13	②	14	①	15	✕
16	15	17	7	18	8	19	60	20	15
21	13	22	✕						

확률과 통계

23	③	24	②	25	④	26	⑤	27	④
28	①	29	186	30	✕				

미적분

23	③	24	①	25	④	26	⑤	27	③
28	③	29	256	30	✕				

해설

1. 정답 ①

$$\log_2 3 \times \log_9 4 \times 2^{\log_2 3} = \log_2 3 \times \log_{3^2} 2^2 \times 3^{\log_2 2} = 3$$

2. 정답 ③

$f'(x) = 4x^3 + 8x$ 이므로 $f'(1) = 4 + 8 = 12$

3. 정답 ①

등비수열의 첫째항을 a, 공비를 r라 하면
$ar^5 = 9ar^3$ 이므로 $r^2 = 9$
모든 항이 양수이므로 $r = 3$
$$ar^2 + 8 = ar^4$$
$9a + 8 = 81a$ 이므로
$$a_1 = a = \frac{1}{9}$$

4. 정답 ④

$\lim\limits_{x \to 0+} f(x) = 0$, $\lim\limits_{x \to 1-} f(x) = 2$ 이므로
$$\lim_{x \to 0+} f(x) + \lim_{x \to 1-} f(x) = 0 + 2 = 2$$

5. 정답 ⑤

$$\sin\left(\frac{\pi}{2} + \theta\right) + \cos(2\pi - \theta) = \cos\theta + \cos\theta = 2\cos\theta = \frac{6}{5}$$

6. 정답 ④

$g(2) = -2f(2) = -2$
$g'(x) = (2x - 3)f(x) + (x^2 - 3x)f'(x)$
$g'(2) = f(2) - 2f'(2) = -3$
따라서 함수 $y = g(x)$의 그래프 위의
점 $(2, -2)$에서의 접선의 방정식은
$y = -3(x - 2) - 2$이므로 이 접선의 y절편은 4

7. 정답 ④

$\dfrac{1}{(2k+1)(2k+3)} = \dfrac{1}{2}\left(\dfrac{1}{2k+1} - \dfrac{1}{2k+3}\right)$ 이므로

$\displaystyle\sum_{k=1}^{15} \dfrac{a}{(2k+1)(2k+3)}$

$\displaystyle = \sum_{k=1}^{15}\left\{\dfrac{a}{2}\left(\dfrac{1}{2k+1} - \dfrac{1}{2k+3}\right)\right\}$

$\displaystyle = \dfrac{a}{2}\left\{\left(\dfrac{1}{3} - \dfrac{1}{5}\right) + \left(\dfrac{1}{5} - \dfrac{1}{7}\right) + \left(\dfrac{1}{7} - \dfrac{1}{9}\right) + \cdots + \left(\dfrac{1}{31} - \dfrac{1}{33}\right)\right\}$

$= \dfrac{a}{2}\left(\dfrac{1}{3} - \dfrac{1}{33}\right) = \dfrac{5}{33}a$

$\displaystyle\sum_{k=1}^{15} \dfrac{a}{(2k+1)(2k+3)} = \dfrac{5}{3}$ 이므로 $\dfrac{5}{33}a = \dfrac{5}{3}$

따라서 $a = 11$

8. 정답 ③

$\displaystyle\lim_{x\to 2}\dfrac{f(x)}{x^2-4} = 1$에서 $x \to 2$일 때 (분모)$\to 0$이므로

(분자)$\to 0$이어야 한다. 즉, $\displaystyle\lim_{x\to 2}f(x) = f(2) = 0$

$\displaystyle\lim_{x\to 1}\dfrac{f(x)}{|x-1|} = k$에서

$x \to 1+$일 때 (분자)$\to 0$이고 0이 아닌 극한값이 존재하므로 (분자)$\to 0$이어야 한다.

$\displaystyle\lim_{x\to 1+}\dfrac{|x-1|}{f(x)} = k$

$x \to 1-$일 때 (분자)$\to 0$이고 0이 아닌 극한값이 존재하므로 (분자)$\to 0$이어야 한다.

$|f(x)|$은 좌우에서 부호가 다르다.
이 때 극한값을 가지려면 $k=0$이고 따라서 $f(x)$는 $(x-1)$의 인수를 두 개 이상 가져야 한다.

따라서 $f(x) = a(x-1)^2(x-2)$라 하면

$\displaystyle\lim_{x\to 2}\dfrac{f(x)}{x^2-4} = 1$에서

$\dfrac{a}{4} = 1$

$f(x) = 4(x-1)^2(x-2)$

$f(3) = 4 \times 4 = 16$

따라서, $f(3) + k = 16$

9. 정답 ①

주어진 등식의 양변을 $3x$로 나눈다. (단, $x \neq 0$)

$\dfrac{f(1+3x) - f(1)}{3x} = \displaystyle\int_x^{x+2}(at^3+1)dt$

위 식의 양변에 $x \to 0$인 극한을 취한다.

미분계수의 정의에 의하여

$\displaystyle\lim_{x\to 0}\dfrac{f(1+3x) - f(1)}{3x} = f'(1)$

이다. 문제의 조건에서 $f'(1) = 18$이므로 좌변의 극한값은 18이다.

정적분으로 정의된 함수는 연속함수이므로, 적분 구간의 극한을 대입하여 계산할 수 있다.

$\displaystyle\lim_{x\to 0}\int_x^{x+2}(at^3+1)dt = \int_0^2(at^3+1)dt$

위 정적분 값을 계산하면 다음과 같다.

$\displaystyle\int_0^2(at^3+1)dt = \left[\dfrac{a}{4}t^4 + t\right]_0^2$

$= \left(\dfrac{a}{4}\cdot 16 + 2\right) - 0$

$= 4a + 2$

좌변과 우변의 극한값이 같아야 하므로

$18 = 4a + 2$

$4a = 16$

$\therefore a = 4$

[다른 풀이]

양변 미분을 이용한 풀이
주어진 식의 양변을 x에 대하여 미분한다.

$\dfrac{d}{dx}\{f(3x+1) - f(1)\} = \dfrac{d}{dx}\left\{3x\displaystyle\int_x^{x+2}(at^3+1)dt\right\}$

좌변 미분: $f'(3x+1)\cdot 3$ (합성함수의 미분법)
우변 미분: 곱의 미분법과 정적분으로 표시된 함수의 미분법 적용

$3\displaystyle\int_x^{x+2}(at^3+1)dt + 3x\cdot\dfrac{d}{dx}\int_x^{x+2}(at^3+1)dt$

양변에 $x=0$을 대입하면,
우변의 두 번째 항 ($3x$가 곱해진 항)은 0이 된다.

$3f'(1) = 3\displaystyle\int_0^2(at^3+1)dt + 0$

$f'(1) = \displaystyle\int_0^2(at^3+1)dt$

이후 과정은 위와 동일하다.

10. 정답 ②

$\cos x = t$라 하면 $0 \leq x \leq 2\pi$일 때 $-1 \leq t \leq 1$이고 주어진 방정식은

$\quad t^2 - 2kt + k = 0, \quad t^2 = 2k\left(t - \dfrac{1}{2}\right)$

$0 \leq x \leq 2\pi$일 때 주어진 방정식 $\cos^2 x - 2k\cos x + k = 0$의 서로 다른 실근의 개수가 4가 되려면

$-1 < t \leq 1$일 때 두 함수 $y = t^2$, $y = 2k\left(t - \dfrac{1}{2}\right)$의

그래프가 서로 다른 두 점에서 만나야 한다.

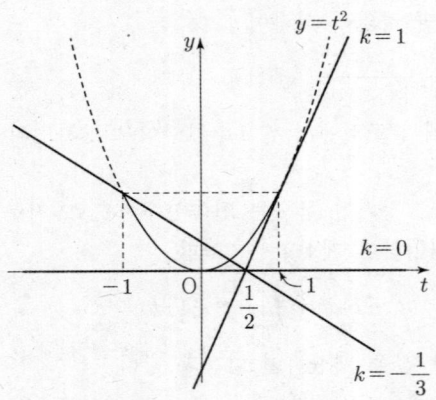

이때, $t^2 = 2kt - k$ 에서 이차방정식 $t^2 - 2kt + k = 0$ 의

판별식을 D라 하면 $\dfrac{D}{4} = k^2 - k = 0$ 에서

$k = 0$ 또는 $k = 1$이므로 함수 $y = t^2$의 그래프와

직선 $y = 2k\left(t - \dfrac{1}{2}\right)$ 은 $k = 0$ 또는 $k = 1$일 때 접한다.

$k > 1$ 이면 실근의 개수는 2개이고,

$0 < k < 1$에서는 실근이 존재하지 않으며

$-\dfrac{1}{3} > k$에서는 실근의 개수가 2개이다.

따라서 $-\dfrac{1}{3} < k < 0$이므로 $\alpha + \beta = -\dfrac{1}{3}$

11. 정답 ③

$f(x) = (x - a_2)(x - a_3)(x - a_4)$ 에서

$f'(x) = (x - a_2)(x - a_3) + (x - a_3)(x - a_4)$
$\qquad\qquad + (x - a_4)(x - a_2)$이다.

$\displaystyle\lim_{t \to a_k} \dfrac{f(t) - f(a_k)}{t - a_k} = f'(a_k)$이다.

즉, $g(x) = \displaystyle\sum_{k=1}^{x} f'(a_k)$이다.

$g(5) = \displaystyle\sum_{k=1}^{5} f'(a_k)$
$\qquad = f'(a_1) + f'(a_2) + f'(a_3) + f'(a_4) + f'(a_5)$

$f'(a_1) = 11d^2,\ f'(a_2) = 2d^2,\ f'(a_3) = -d^2$

$f'(a_4) = 2d^2,\ f'(a_5) = 11d^2$

이므로

$g(5) = 25d^2 = 625$

$d^2 = 25,\ d = 5$

이다.

$f'(a_6) = 26d^2$

$g(6) = g(5) + f'(a_6) = 51d^2 = 1275$

$\therefore\ g(d + 1) - d^2 = g(6) - 25 = 1275 - 25 = 1250$

12. 정답 ③

먼저 기본 함수 형태인 $|f'(x)|$ 의 한 주기 적분값을
구한다.

$f(x) = x^3 - 3x^2$ 이므로 $f'(x) = 3x^2 - 6x = 3x(x - 2)$이다.

구간 $0 \le x \le 2$ 에서 $f'(x) \le 0$ 이므로,

$|f'(x)| = -f'(x) = -3x^2 + 6x$이다.

기본 적분값 A 를 다음과 같이 계산한다.

$A = \displaystyle\int_0^2 |f'(x)| dx = \int_0^2 (-3x^2 + 6x) dx$

$\qquad = \left[-x^3 + 3x^2 \right]_0^2 = -8 + 12 = 4$

또는, 도함수의 넓이는 원함수의 함숫값 차이와 같으므로
다음과 같이 구할 수도 있다.

$\displaystyle\int_0^2 |f'(x)| dx = |f(2) - f(0)| = |(8 - 12) - 0| = 4$

함수 $g(x)$ 의 정의에 따라 각 구간 $I_n = [2n, 2(n+1)]$
에서의 정적분 값 S_n 을 구해보자.

치환적분 $u = x - 2n$ 을 이용하면 다음과 같다.

$S_n = \displaystyle\int_{2n}^{2(n+1)} 3^{n-1} |f'(x - 2n)| dx$

$\qquad = 3^{n-1} \displaystyle\int_0^2 \left| f'(x) \right| dx = 3^{n-1} \times 4$

즉, 각 구간의 넓이 S_n 은 첫째항이 4이고 공비가 3인
등비수열을 이룬다.

$n = 1$ ($2 \le x \le 4$): $S_1 = 4 \times 3^0 = 4$

$n = 2$ ($4 \le x \le 6$): $S_2 = 4 \times 3^1 = 12$

$n = 3$ ($6 \le x \le 8$): $S_3 = 4 \times 3^2 = 36$

주어진 조건은 $\displaystyle\int_2^t g(x) dx = 34$ 이다.

구간별 누적 합을 확인해 보자.

$n = 1$ 까지의 합: 4

$n = 2$ 까지의 합: $4 + 12 = 16$

$n = 3$ 까지의 합: $16 + 36 = 52$

$16 < 34 < 52$ 이므로, 우리가 찾는 t는 $n = 3$ 인 구간,
즉 $6 \le t \le 8$ 사이에 존재한다.

3번째 구간에서 추가로 확보해야 할 넓이는 다음과 같다.

필요한넓이 $= 34 - ($누적합 $16) = 18$

이제, $6 \le t \le 8$ 구간에서 적분값이 18이 되는 지점을
찾으면 된다.

이 구간에서 $g(x) = 3^2 |f'(x - 6)| = 9|f'(x - 6)|$이다.

t를 구하는 식을 세우면:

$\displaystyle\int_6^t 9|f'(x - 6)| dx = 18 \Rightarrow \int_0^{t-6} 9(-3x^2 + 6x) dx = 18$

양변을 9로 나누면: $\displaystyle\int_0^{t-6} (-3x^2 + 6x) dx = 2$

여기서 계산을 직접 수행하여 3차 방정식을 풀 수도
있지만, 이차함수의 대칭성을 활용하는 것이 효율적이다.

피적분함수 $y=-3x^2+6x$ 는 $x=0$ 과 $x=2$ 를 절편으로 가지며, 축은 $x=1$ 인 위로 볼록한 이차함수이다.
전체 넓이($x=0$에서 2까지)가 4이므로,
축 $x=1$ 까지의 반쪽 넓이는 정확히 2가 된다.
따라서 우리가 찾는 적분 구간의 상한 $t-6$ 은 정확히 대칭축의 위치인 1 이어야 한다.
$t-6=1 \Rightarrow t=7$
(참고: 직접 계산할 경우)
$$\left[-x^3+3x^2\right]_0^{t-6}=2$$
Let $k=t-6$. $-k^3+3k^2=2\Rightarrow k^3-3k^2+2=0$
$(k-1)(k^2-2k-2)=0$
$0\leq k\leq 2$ 범위에서 유일한 해는 $k=1$ 이다.
따라서 답은 7이다.

13. 정답 ②

$\overline{BC}=9$ 이고 $\overline{BC}=3\overline{QC}$ 이므로
$\overline{CQ}=\overline{CP}=3,\ \overline{BP}=6$
$\angle CPQ=\angle CQP=\alpha$ 라 하면 접선과 현이 이루는 각의 성질에 의하여 $\angle PRQ=\alpha$ 이고 $\angle BPR=\beta$ 라 하면
삼각형 BPR 에서 내각과 외각의 크기 관계에서
$\angle RBP+\angle RPB=\angle PRQ$ 이므로 $\angle RBP=\alpha-\beta$
따라서 $\angle RPQ-\angle RBP=(\pi-\alpha-\beta)-(\alpha-\beta)=\pi-2\alpha$
이므로 $\angle RPQ-\angle RBP=\angle C$

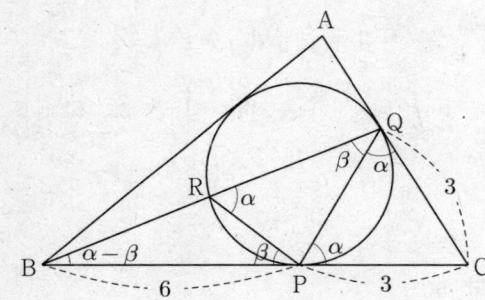

삼각형 QBC 에서 코사인법칙에 의하여
$$\overline{BQ}=\sqrt{9^2+3^2-2\times 9\times 3\times \frac{3}{5}}=\sqrt{\frac{288}{5}}$$
삼각형 QBP 와 PBR 이 닮음이므로
$$\overline{BR}\times\overline{BQ}=\overline{BP}^2=36$$
따라서 삼각형 BPR 의 넓이는 삼각형 BPQ 의 넓이의
$\dfrac{\overline{BR}}{\overline{BQ}}=36\times\left(\dfrac{1}{\overline{BQ}}\right)^2$ 배이고 삼각형 BPQ 의 넓이는 삼각형
BCQ 의 넓이의 $\dfrac{2}{3}$ 배이므로
$$\left(\frac{1}{2}\times 9\times 3\times\frac{4}{5}\right)\times\frac{2}{3}=\frac{54}{5}\times\frac{2}{3}=\frac{36}{5}$$
따라서 삼각형 BPR 의 넓이는
$$\frac{36}{5}\times 36\times\left(\frac{1}{\overline{BQ}}\right)^2=\frac{36}{5}\times 36\times\frac{5}{288}=\frac{9}{2}$$

14. 정답 ①

함수 $g(x)$ 가 실수 전체에서 연속이려면 $x=t$에서 연속이어야 한다.
$$\lim_{x\to t-}g(x)=\lim_{x\to t+}g(x)\Rightarrow -f(t)=f(t)\Rightarrow f(t)=0$$
조건 (가)에서 $a=0,2$ 일 때 분모가 0 이 되므로,
극한값이 존재하려면 분자도 0 이어야 한다.
특히 분모에 x^2 이 있으므로 $f(x)$ 는 x^2 을 인수로 가져야 한다. (만약 x 만 인수로 가진다면 약분 후에도 분모에 x 가 남아 발산한다.)
또한 $x-2$ 도 인수로 가져야 하므로,
최고차항 계수가 1 인 사차함수 $f(x)$ 는 다음과 같이 설정할 수 있다.
$$f(x)=x^2(x-2)(x-k)\,(k는 상수)$$
이때 $f(t)=0$ 이므로 $t\in\{0,2,k\}$ 이다.
step 2: 극한의 부호 조건 분석
조건 (나)에서 제시된 극한식을 $H(m)$ 이라 하자.
식 $\dfrac{g(x)}{x^2(x-2)}$ 에서 $x\to m+$ (우극한)을 고려한다.
m 은 자연수이므로 $m\geq 1$ 이고, x 는 m 보다 조금 큰 양수이다. 따라서 $x^2>0$ 이므로 전체 부호는 $\dfrac{g(x)}{x-2}$ 의 부호와 같다.
함수 $g(x)$ 의 정의에 따라 식을 구체화해보자.
$$\frac{f(x)}{x^2(x-2)}=\frac{x^2(x-2)(x-k)}{x^2(x-2)}=x-k$$
이므로,
경우 1: $x\geq t$ 인 경우 $(g(x)=f(x))$
$$\lim_{x\to m+}\frac{g(x)}{x^2(x-2)}=\lim_{x\to m+}(x-k)=m-k$$
경우 2: $x<t$ 인 경우 $(g(x)=-f(x))$
$$\lim_{x\to m+}\frac{g(x)}{x^2(x-2)}=\lim_{x\to m+}-(x-k)=k-m$$
이제 자연수 m 에 대해 위 극한값이 음수가 되는 조건을 찾는다.
1) $m\geq t$ 일 때: $m-k<0\Rightarrow m<k$
2) $m<t$ 일 때: $k-m<0\Rightarrow m>k$
조건 (나)에서 만족하는 모든 자연수 m 의 합이 9라고 하였다. 가능한 t 의 값인 $0,2,k$ 에 대해 나누어 생각해보자.
경우1) $t=0$ 인 경우
　　모든 자연수 m 은 $m\geq 1>0$ 이므로 항상
　　$m\geq t$ 이다. 따라서 조건은 $m<k$ 가 된다.
　　이를 만족하는 자연수는 $1,2,\cdots,k-1$ 이다.
　　합이 9가 되어야 하므로
$$\frac{(k-1)k}{2}=9\Rightarrow k(k-1)=18$$
　　연속된 두 자연수의 곱이 18이 되는 자연수 k는 존재하지 않는다. (탈락)

경우2) $t=k$ 인 경우

    $m \geq k$ 이면 $m < k$ 이어야 함

    → 모순 (해 없음)

    $m < k$ 이면 $m > k$ 이어야 함

    → 모순 (해 없음)

    만족하는 m 이 존재하지 않는다. (탈락)

경우3) $t=2$ 인 경우

    m 과 $t=2$ 의 대소 관계에 따라 나눈다.

    $m < 2$ (즉, $m=1$): $m < t$ 경우에 해당하므로

    $m > k$ 여야 한다. 즉 $1 > k$.

    $m \geq 2$ (즉, $m=2,3,\cdots$): $m \geq t$ 경우에

    해당하므로 $m < k$ 여야 한다.

만약 $k < 1$ 이면, $m=1$ 일 때 $1 > k$ 가 성립하여 $m=1$ 이 포함된다. $m \geq 2$ 인 자연수는 $m < k(<1)$ 을 만족할 수 없다. 합이 1이 되므로 모순.

만약 $k > 2$ 이면, $m=1$ 일 때 $1 > k$ 는 거짓이므로 제외된다.

$m \geq 2$ 인 범위에서 $2 \leq m < k$ 인 자연수들이 해가 된다.

즉, 해의 집합은 $\{2,3,\cdots,k-1\}$ 이다.

이들의 합이 9가 되어야 한다.

가능한 자연수 연속 합을 살펴보면 $2+3+4=9$ 가 유일하다.

따라서, 해의 집합은 $\{2,3,4\}$ 이어야 하고, 이는 $k-1=4$ 를 의미하므로 $k=5$ 이다.

따라서 $f(x)=x^2(x-2)(x-5)$ 이고 $t=2$ 이다.

구하고자 하는 값은 $g(6)$ 이다.

$6 \geq t(=2)$ 이므로 $g(6)=f(6)$ 이다.

$g(6)=f(6)=6^2(6-2)(6-5)=36 \cdot 4 \cdot 1 = 144$

15.

16. 정답 15

부등식 $\log_3(x-4) < 4\log_9 4$ 에서

진수 조건에 의하여 $x-4 > 0$, $x > 4$ ······ ㉠

$\log_3(x-4) < 2\log_3 4$

$\log_3(x-4) < \log_3 16$

$x-4 < 16$, $x < 20$ ······ ㉡

㉠, ㉡에서 $4 < x < 20$

따라서 자연수 x 는 5, 6, 7, $\cdots$, 19이고 그 개수는 15이다.

17. 정답 7

$\lim_{x \to 1} \dfrac{f(x)}{x^3-1}=3$ 에서

$$\lim_{x \to 1}\frac{f(x)}{x-1}=\lim_{x \to 1}\left\{\frac{f(x)}{x^3-1} \times (x^2+x+1)\right\}$$

$$=\lim_{x \to 1}\frac{f(x)}{x^3-1} \times \lim_{x \to 1}(x^2+x+1)$$

$$=3 \times 3 = 9$$

따라서

$$\lim_{x \to 1}\frac{f(x)-x^2+1}{x-1}=\lim_{x \to 1}\frac{f(x)-(x+1)(x-1)}{x-1}$$

$$=\lim_{x \to 1}\frac{f(x)}{x-1}-\lim_{x \to 1}\frac{(x+1)(x-1)}{x-1}$$

$$=\lim_{x \to 1}\frac{f(x)}{x-1}-\lim_{x \to 1}(x+1)$$

$$=9-2=7$$

18. 정답 8

$$\int_{-2}^{x} f(t)dt = x^4 - 3ax^2 + bx \quad \cdots ㉠$$

㉠의 양변에 $x=-2$을 대입하면

$0 = 16 - 12a - 2b$, $6a+b=8$

㉠의 양변을 x 에 대하여 미분하면

$f(x)=4x^3-6ax+b$

$f(1)=0$ 에서 $4-6a+b=0$, $6a-b=4$

$\begin{cases} 6a+b=8 \\ 6a-b=4 \end{cases}$ 를 연립하여 풀면 $a=1$, $b=2$

$$\int_{a}^{b} f(x)dx = \int_{1}^{2}(4x^3-6x+2)dx = \left[x^4-3x^2+2x\right]_{1}^{2}$$

$$=8-0=8$$

19. 정답 60

두 함수 그래프의 교점의 x좌표는 방정식

$2\sin^2 x = 3\cos x$ 의 해가 된다.

    $2(1-\cos^2 x)=3\cos x$

    $2\cos^2 x + 3\cos x - 2 = 0$, $(\cos x + 2)(2\cos x - 1)=0$

$-1 \leq \cos x \leq 1$ 이므로 $\cos x = \dfrac{1}{2}$ 이다.

$0 \leq x \leq 2\pi$ 이므로 $x=\dfrac{\pi}{3}$ 또는 $x=\dfrac{5\pi}{3}$ 이다.

따라서 $A\left(\dfrac{\pi}{3}, \dfrac{3}{2}\right)$, $B\left(\dfrac{5}{3}\pi, \dfrac{3}{2}\right)$ 이므로

삼각형 OAB의 넓이 S 는

$$S=\frac{1}{2} \times \overline{AB} \times \frac{3}{2} = \frac{1}{2} \times \frac{4\pi}{3} \times \frac{3}{2} = \pi \text{이므로}$$

$$60 \times \frac{S}{\pi} = 60 \times \frac{\pi}{\pi} = 60$$

20. 정답 15

조건 (가)에 의해 $f(x) = 4x^3 - 12x^2 + ax + k$ 꼴이다.

하지만 문제에서 $f(t) + f'(t)$를 적분하므로 식을 직접
세우기보다 구조를 먼저 본다.

$f(x)$의 이차항 계수가 -12 이므로,

$f(x) = 4x^3 - 12x^2 + \cdots$ 이다.

피적분함수 $p(t) = f(t) + f'(t)$를 살펴보자.

$f(t) = 4t^3 - 12t^2 + \cdots$

$f'(t) = 12t^2 - \cdots$

이므로, 두 식을 더하면 이차항($-12t^2$와 $12t^2$)이 소거된다.

따라서 $f(x) = 4x^3 - 12x^2 + k$

조건 (가)에서는 이차항의 계수와 상수항 그리고
일차항의 계수는 0이므로.

함수 $f(x)$는 $f(x) = 4x^3 - 12x^2 + k$

로 나타낼 수 있다.

$f(x) = 4x^3 - 12x^2 + k$ 에서

$f(x) + f'(x) = (4x^3 - 12x^2 + k) + (12x^2 - 24x)$
$= 4x^3 - 24x + k$

이제 $g(x)$ 를 구한다. $g(0) = 0$ 임을 이용한다.

$g(x) = \int_0^x (4t^3 - 24t + k)dt = x^4 - 12x^2 + kx$

주어진 극한 $h(s) = \lim\limits_{\delta \to 0+} \dfrac{|g(s+\delta)| - |g(s-\delta)|}{2\delta}$ 는

$|g(x)|$ 의 대칭 미분계수이다.

함수 $|g(x)|$ 는 $g(x) \neq 0$ 인 구간에서 미분가능하므로
$h(s)$ 는 연속이다.

$g(s) = 0$ 인 지점(x축과의 교점)에서:

1. $g'(s) \neq 0$ (단순 교점, 뚫고 지나감): $h(s) = 0$ 이지만
$\lim\limits_{x \to s} h(x) \neq 0$ 이 되어 불연속이다.

2. $g'(s) = 0$ (접하는 교점, 중근 이상): $h(s) = 0$ 이고
극한값도 0이 되어 연속이다.

따라서 조건 (나)의 "불연속 점의 개수가 4개"라는 말은,
사차함수 $g(x) = 0$ 이 서로 다른 4개의 실근을 가지며,
모든 실근이 중근이 아니다(단순 실근이다)는 뜻이다.

$g(x) = x(x^3 - 12x + k) = 0$

한 근은 $x = 0$ 으로 확정되어 있다.

나머지 세 근은 삼차방정식 $q(x) = x^3 - 12x + k = 0$의
근이다.

서로 다른 4개의 실근을 갖기 위해서는:

1. $q(x) = 0$ 이 서로 다른 3개의 실근을 가져야 한다.

2. 그 3개의 실근 중 0이 없어야 한다 ($k \neq 0$).

$q(x)$ 의 그래프를 분석하기 위해 미분한다.

$q'(x) = 3x^2 - 12 = 3(x-2)(x+2)$

$x = -2$ 에서 극대, $x = 2$ 에서 극소를 갖는다.

서로 다른 세 실근을 가질 조건은
(극댓값)×(극솟값) < 0 이다.

$q(-2) = -8 + 24 + k = 16 + k > 0$
$q(2) = 8 - 24 + k = -16 + k < 0$

즉, $-16 < k < 16$ 이다. (이때 $k \neq 0$)

step 4: 근과 계수의 관계 및 k 값 결정

조건 (다)에서 불연속인 모든 s 의 값
(즉, $g(x) = 0$ 의 실근들) 중 0이 아닌 값들의 곱은 -15 이다.

$g(x) = 0$ 의 근은 0 과 $q(x) = 0$ 의 세 실근 α, β, γ 이다.

따라서 0이 아닌 근들의 곱은 $\alpha\beta\gamma$ 와 같다.

삼차방정식 $x^3 - 12x + k = 0$ 에서 근과 계수의 관계에
의해 세 근의 곱은

$\alpha\beta\gamma = -\dfrac{\text{상수항}}{\text{최고차항}} = -k$

조건에 의해 $-k = -15$ 이므로,

$k = 15$

구한 $k = 15$ 는 위에서 구한 범위 ($-16 < k < 16$) 안에
포함되며 0 이 아니므로 조건을 모두 만족한다.

21. 정답 13

점 P 의 x좌표를 t라 하면 직선 BP 와 직선 CQ 가
평행하므로 두 삼각형 ABP 와 ACQ 가 닮음이고,

$\overline{CQ} = 3\overline{BP}$ 이므로 닮음비는 $1:3$이므로 점 Q 의 x좌표는
$3t$ 이다.

따라서 $P(t, a^t)$, $Q(3t, a^{3t})$

두 직선 BP 와 직선 CQ 의 기울기가 1 이므로

$C(0, a^{3t} - 3t)$, $B(0, a^t - t)$

$\overline{AC} = 3\overline{AB}$ 이고, $3\overline{OA} = 2\overline{OB}$ 이므로

$\overline{OC} : \overline{OB} = 13 : 3$ 에서

$13(a^t - t) = 3(a^{3t} - 3t)$

$13a^t - 3a^{3t} = 4t \qquad \cdots \ \bigcirc$

직선 PC 의 기울기가 -9이므로

$\dfrac{a^t - a^{3t} + 3t}{t} = -9$

$a^t - a^{3t} = -12t \qquad \cdots \ \bigcirc$

$\bigcirc$, $\bigcirc$을 연립하여 풀면

$a^{3t} - 4a^t = 0$

$a^t > 0$이므로

$\therefore \ a^t = 2$, $t = \dfrac{1}{2}$, $a = 4$

따라서 $\overline{OC} = a^{3t} - 3t = 8 - \dfrac{3}{2} = \dfrac{13}{2}$ 이므로

$2\overline{OC} = 2 \times \dfrac{13}{2} = 13$

22.

23. 정답 ③

확률변수 X가 이항분포 $B\left(n, \dfrac{1}{2}\right)$을 따르므로

$$V(X)=n\times\frac{1}{2}\times\frac{1}{2}=\frac{n}{4}$$

$V(4X+3)=64$에서

$16V(X)=64$, 즉 $V(X)=4$이므로 $\dfrac{n}{4}=4$

따라서 $n=16$

24. 정답 ②

두 사건 A, B에 대하여 두 사건 $A\cap B^C$과 B는 서로

배반사건이고 그 합사건 $A\cup B$이므로

$$P(A\cup B)=P(A\cap B^C)+P(B)에서$$

$$\frac{2}{3}=\frac{1}{4}+P(B)$$

따라서 $P(B)=\dfrac{2}{3}-\dfrac{1}{4}=\dfrac{5}{12}$

25. 정답 ④

$(3x^2+1)^n$의 전개식의 일반항은

$$_n\mathrm{C}_r(3x^2)^r={}_n\mathrm{C}_r\times 3^r\times x^{2r}$$

x^2의 계수는 $r=1$일 때이므로

$$_n\mathrm{C}_1\times 3=3n$$

따라서

$$(3x^2+1)+(3x^2+1)^2+(3x^2+1)^3+\cdots+(3x^2+1)^{10}$$

의 전개식에서 x^2의 계수는

$3\times 1+3\times 2+3\times 3+\cdots+3\times 10$

$=3\times(1+2+3+\cdots+10)$

$=3\times 55=165$

[다른 풀이]

$x\neq 0$일 때

$$(3x^2+1)+(3x^2+1)^2+(3x^2+1)^3+\cdots+(3x^2+1)^{10}$$

$$=\frac{(3x^2+1)\{(3x^2+1)^{10}-1\}}{(3x^2+1)-1}$$

$$=\frac{(3x^2+1)^{11}-(3x^2+1)}{3x^2}$$

이므로 주어진 식의 전개식에서 x^2의 계수는

$\dfrac{1}{3}(3x^2+1)^{11}$의 전개식에서 x^4의 계수와 같다.

따라서 구하는 x^2의 계수는 $\dfrac{1}{3}\times{}_{11}\mathrm{C}_2\times 3^2=165$

26. 정답 ⑤

8명의 학생 중에서 2학년 학생 4명이 이웃하지 않게

앉으려면 2학년 학생 4명이 먼저 앉은 다음 그

사이사이에 다른 학년 학생이 앉으면 된다.

2학년 학생 4명이 앉는 경우의 수는 $3!=6$

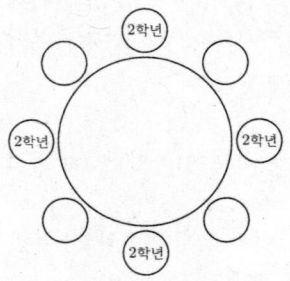

남은 4자리 중에서 3학년 학생 중 한 명의 자리를

결정하면 남은 3학년 학생 한 명의 자리는 마주보는

자리에 고정된다.

3학년 학생이 자리에 앉는 경우의 수는 $4\times 1=4$

남은 2자리에 1학년 학생이 앉는 경우의 수는 2

따라서 구하는 경우의 수는 $6\times 4\times 2=48$

27. 정답 ④

한 개의 주사위를 3번 던져서 나오는 경우의 수는

$$6\times 6\times 6=6^3$$

전체의 경우에서 $ab<c$인 경우를 제외하면 된다.

c의 값에 따라 $ab<c$를 만족하는 모든 (a, b)의

순서쌍을 구하면

$c=2$일 때 $(1, 1)$

$c=3$일 때 $(1, 1),\ (1, 2),\ (2, 1)$

$c=4$일 때 $(1, 1),\ (1, 2),\ (1, 3)$

　　　　　$(2, 1)$

　　　　　$(3, 1)$

$c=5$일 때 $(1, 1),\ (1, 2),\ (1, 3),\ (1, 4)$

　　　　　$(2, 1),\ (2, 2)$

　　　　　$(3, 1)$

　　　　　$(4, 1)$

$c=6$일 때 $(1, 1),\ (1, 2),\ (1, 3),\ (1, 4),$

　　　　　$(1, 5)$

　　　　　$(2, 1),\ (2, 2)$

　　　　　$(3, 1)$

　　　　　$(4, 1)$

　　　　　$(5, 1)$

$ab<c$를 만족하는 경우의 수는 27가지

따라서 구하는 확률은 $1-\dfrac{27}{6^3}=1-\dfrac{1}{8}=\dfrac{7}{8}$

28. 정답 ①

전체 경우는 $6^3 = 216$

주사위를 던져 나온 눈에 의해 만들어지는 삼각형의 넓이는 총 3가지 경우로

(i) $i=1$, $j=2$, $k=3$과 같은 모양의 넓이

$$\frac{1}{2} \times 2 \times \frac{\sqrt{3}}{2} = \sqrt{3}$$

총 개수는 6개이고 경우의 수는 $6 \times 3! = 36$

(ii) $i=1$, $j=2$, $k=4$와 같은 모양의 넓이

$$\frac{1}{2} \times 4 \times \sqrt{3} = 2\sqrt{3}$$

총 개수는 12개이고 경우의 수는 $12 \times 3! = 72$

(iii) $i=1$, $j=3$, $k=5$와 같은 모양의 넓이

$$\frac{1}{2} \times 2\sqrt{3} \times 3 = 3\sqrt{3}$$

총 개수는 2개이고 경우의 수는 $2 \times 3! = 12$

$a_1 + a_2 = 4\sqrt{3}$인 경우는

$a_1 = \sqrt{3}$, $a_2 = 3\sqrt{3}$인 경우와

$a_1 = 2\sqrt{3}$, $a_2 = 2\sqrt{3}$인 경우이므로

전체 경우의 수는 $36 \times 12 \times 2 + 72 \times 72$

$a_1 = a_2$인 경우의 수는 72×72이므로

구하고자 하는 확률은

$$\frac{\dfrac{72 \times 72}{216}}{\dfrac{36 \times 12}{216} \times 2 + \dfrac{72 \times 72}{216}} = \frac{6}{7}$$

따라서 $p + q = 13$

29. 정답 186

조건 (나)에 의하여 $f(x) \geq \sqrt{x}$ 이므로

$f(1) \geq 1$, $f(2) \geq 2$, $f(3) \geq 2$, $f(4) \geq 2$, $f(5) \geq 3$ 이다.

$f(2) + f(3)$의 값이 소수인 경우는 다음과 같다.

(i) $f(2) = 2$, $f(3) = 3$ 또는

$f(2) = 3$, $f(3) = 2$인 경우

$f(1) = 1$일 때 조건 (다)에 의하여 2가지

$f(1) \neq 1$일 때 $2 \times (3 \times 3 \times 2 - 2 \times 2) = 28$

따라서 구하는 경우의 수는 $2 \times 30 = 60$

(ii) $f(2) = 2$, $f(3) = 5$ 또는

$f(2) = 5$, $f(3) = 2$인 경우

$f(1) = 1$일 때 조건 (다)에 의하여 2가지

$f(1) \neq 1$일 때 $2 \times (3 \times 3 \times 2 - 2 \times 2) = 28$

따라서 구하는 경우의 수는 $2 \times 30 = 60$

(iii) $f(2) = 3$, $f(3) = 4$ 또는

$f(2) = 4$, $f(3) = 3$인 경우

$f(1) = 1$일 때, 조건 (다)에 의하여 $2 \times 2 = 4$가지

$f(1) = 2$일 때, $2 \times 3 = 6$가지

$f(1) = 3$ 또는 $f(1) = 4$일 때, $2 \times (2+5) = 14$가지

$f(1) = 5$일 때, $3 \times 3 = 9$가지

따라서 구하는 경우의 수는 $2 \times 33 = 66$

(i)~(iii)에 의하여 구하는 함수의 개수는

$$60 + 60 + 66 = 186$$

30.

미적분

23. 정답 ③

$$\int_0^1 xe^x \, dx = \left[xe^x \right]_0^1 - \int_0^1 e^x \, dx = \left[(x-1)e^x \right]_0^1 = 1$$

24. 정답 ①

$$\lim_{n \to \infty} (a_n + 2b_n) = \lim_{n \to \infty} \frac{\sqrt{9n^2 + 4n} + n}{2n + 1}$$

$$= \lim_{n \to \infty} \frac{\sqrt{9 + \dfrac{4}{n}} + 1}{2 + \dfrac{1}{n}} = \frac{\sqrt{9} + 1}{2} = 2$$

급수 $\displaystyle\sum_{n=1}^{\infty} (3a_n + b_n - 6)$가 수렴하므로

$\displaystyle\lim_{n \to \infty} (3a_n + b_n - 6) = 0$에서

$$\lim_{n \to \infty} (3a_n + b_n) = \lim_{n \to \infty} \{(3a_n + b_n - 6) + 6\}$$

$$= \lim_{n \to \infty} (3a_n + b_n - 6) + \lim_{n \to \infty} 6 = 0 + 6 = 6$$

따라서

$$\lim_{n \to \infty} (a_n + b_n) = \lim_{n \to \infty} \frac{1}{5} \{(3a_n + b_n) + 2(a_n + 2b_n)\}$$

$$= \frac{1}{5} \left\{ \lim_{n \to \infty} (3a_n + b_n) + 2\lim_{n \to \infty} (a_n + 2b_n) \right\}$$

$$= \frac{1}{5} (6 + 2 \times 2) = 2$$

25. 정답 ④

점 $(a, 1)$은 곡선 $x^3 - xy = 6$ 위의 점이므로

$$a^3 - a - 6 = 0, \ (a-2)(a^2 + 2a + 3) = 0$$

따라서 $a = 2$ $(\because a^2 + 2a + 3 = (a+1)^2 + 2 > 0)$

$x^3 - xy = 6$의 양변을 x에 대하여 미분하면

$$3x^2 - y - x \times \frac{dy}{dx} = 0$$

$$\frac{dy}{dx} = \frac{3x^2 - y}{x}$$

점 $(2, 1)$에서 접선의 기울기는 $b = \dfrac{11}{2}$

따라서 $ab = 2 \times \dfrac{11}{2} = 11$

26. 정답 ⑤

함수 $y = \dfrac{\ln(x+e)}{\sqrt{x+e}}$의 그래프와 x축, y축 및

직선 $x = e^4 - e$로 둘러싸인 부분을 밑면으로 하고,

x축에 수직인 평면으로 자른 단면이 모두 정사각형인

입체도형의 부피는

$$\int_0^{e^4 - e} \frac{\{\ln(x+e)\}^2}{x+e} \, dx$$

$\ln(x+e) = t$로 치환하면 $\dfrac{dx}{dt} = x + e$이고

$x = 0$일 때 $t = 1$, $x = e^4 - e$일 때 $t = 4$이므로

구하는 입체도형의 부피는

$$\int_0^{e^4 - e} \frac{\{\ln(x+e)\}^2}{x+e} \, dx = \int_1^4 t^2 \, dt = \left[\frac{1}{3} t^3\right]_1^4 = 21$$

27. 정답 ③

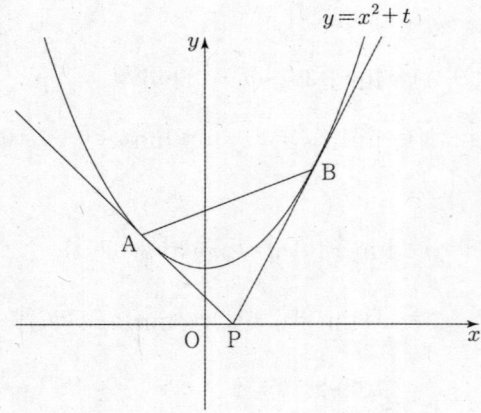

두 점 A, B의 x좌표를 각각 a, b라 하면

a, b는 직선 AP와 직선 BP의 기울기에 의해

방정식 $\dfrac{x^2 + t}{x - 1} = 2x$, 즉, $x^2 - 2x - t = 0$의 두 근이므로

근과 계수와의 관계에 의하여

$$a + b = 2, \ ab = -t$$

직선 AP의 기울기는 $\tan\theta_1$,

직선 BP의 기울기를 $\tan\theta_2$라고 하면

두 직선이 이루는 각 θ에 대하여 (단, θ는 예각)

$$\tan\theta = |\tan(\theta_1 - \theta_2)|$$

$$\tan\theta_1 = 2a, \ \tan\theta_2 = 2b$$

$$\tan\theta = \left|\frac{2a - 2b}{1 + 4ab}\right| = \left|\frac{4\sqrt{1+t}}{1 - 4t}\right|$$ 이므로

$$\sin\theta = \frac{4\sqrt{1+t}}{\sqrt{(1-4t)^2 + 16(1+t)}}$$ 이다.

한편 $\overline{AB} = \sqrt{(a-b)^2 + (a^2 - b^2)^2}$

$$= \sqrt{4(1+t) + 16(1+t)}$$

$$= \sqrt{20(1+t)}$$

이므로

$$2R = \frac{\overline{AB}}{\sin\theta} = \frac{\sqrt{5}}{2} \times \sqrt{(1-4t)^2 + 16(1+t)}$$ 에서

$$S(t) = \pi R^2 = \frac{5\pi}{16}\{(1-4t)^2 + 16(1+t)\}$$

따라서

$$\lim_{t \to \infty} \frac{S(t)}{t^2} = \lim_{t \to \infty} \frac{5\pi\{(1-4t)^2 + 16(1+t)\}}{16t^2} = 5\pi$$

이므로 $k = 5$

28. 정답 ③

조건 (다)에서 식의 양변을 t로 미분하면

$$f(t)\{3t^2 - f(t)\} = \{g(f(t))\}^3 f'(t)$$

$$3t^2 f(t) - \{f(t)\}^2 = t^3 f'(t) \qquad \cdots\cdots \text{㉠}$$

$$3t^2 f(t) - t^3 f'(t) = \{f(t)\}^2$$

㉠에서 $t > 0$일 때 $f'(t) > 0$이므로 $f(t) \neq 0$이다.

따라서 양변을 $\{f(t)\}^2$으로 나누어 정리하면

$\dfrac{3t^2 f(t) - t^3 f'(t)}{\{f(t)\}^2} = 1$이고 양변을 적분하면

$$\frac{t^3}{f(t)} = t + C \ (\text{단, } C\text{는 적분상수})$$

㉠에 $t = 1$을 대입하면

$$3f(1) - \{f(1)\}^2 = f'(1)$$

이고 조건 (나)에서 $f'(1) = 2f(1)$이므로

$$3f(1) - \{f(1)\}^2 = 2f(1)$$

에서

$$f(1) = 1 \ (\because f(1) \neq 0)\text{이다.}$$

따라서 $C = 0$이고 $f(x) = x^2$이므로 $f(1) = 1$, $f(2) = 4$이다.

$$\int_1^4 \{g(x)\}^3 \, dx = \int_1^2 f(x)\{3x^2 - f(x)\} \, dx$$

$$= \int_1^2 2x^4 \, dx = \left[\frac{2}{5} x^5\right]_1^2 = \frac{62}{5}$$

29. 정답 256

함수 $D(x) = f(x) - g(x)$ 라 하면, $D(x)$가 최대가 되기 위해서는 미분계수가 0이 되어야 한다.

$$D'(x) = f'(x) - g'(x) = f'(x) - f'(t) = 0$$

$$\frac{2x}{x^2+1} = \frac{2t}{t^2+1}$$

위 방정식을 정리하면 $x(t^2+1) = t(x^2+1)$ 이고,

$tx^2 - (t^2+1)x + t = 0$ 이 된다.

인수분해하면 $(x-t)(tx-1) = 0$ 이므로

$x = t$ 또는 $x = \dfrac{1}{t}$ 이다.

$x = t$ 에서는 접하므로 $D(t) = 0$ 이고, 문제의 조건

$(0 < t < 1)$에 의해 $x = \dfrac{1}{t} > 1$ 인 구간에서 $f(x)$ 는 위로

볼록하므로 접선보다 아래에 위치하게 되나,

$f(x) - g(x)$ 의 최댓값을 논하는 문맥과 $x \to \infty$ 에서

고려할 때 극대값은 $x = \dfrac{1}{t}$ 에서 발생한다.

(참고: $D'\left(\dfrac{1}{t}\right) = f''\left(\dfrac{1}{t}\right) < 0$ 이므로 극대이다.)

$x = \dfrac{1}{t}$ 에서의 함숫값의 차이가 $h(t)$이므로,

$$h(t) = f\left(\frac{1}{t}\right) - g\left(\frac{1}{t}\right)$$

여기서 $g(x) = f'(t)(x-t) + f(t)$ 이므로,

$$g\left(\frac{1}{t}\right) = \frac{2t}{t^2+1}\left(\frac{1}{t} - t\right) + \ln(t^2+1)$$

$$= \frac{2t}{t^2+1} \cdot \frac{1-t^2}{t} + \ln(t^2+1) = \frac{2(1-t^2)}{t^2+1} + \ln(t^2+1)$$

또한,

$$f\left(\frac{1}{t}\right) = \ln\left(\frac{1}{t^2} + 1\right) = \ln\left(\frac{1+t^2}{t^2}\right) = \ln(1+t^2) - 2\ln t$$

따라서,

$$h(t) = \left[\ln(1+t^2) - 2\ln t\right] - \left[\frac{2(1-t^2)}{t^2+1} + \ln(t^2+1)\right]$$

이를 정리하면 다음과 같이 간단한 식을 얻는다.

$$h(t) = -2\ln t - \frac{2(1-t^2)}{t^2+1}$$

여기서 뒤의 유리식 부분을 대분수 꼴로 변형하면 계산이 더 편리하다.

$$\frac{2(1-t^2)}{t^2+1} = \frac{-2(t^2+1)+4}{t^2+1} = -2 + \frac{4}{t^2+1}$$

즉, $h(t) = -2\ln t + 2 - \dfrac{4}{t^2+1}$ 이다.

$h(t)$ 를 t 에 대해 미분하면,

$$h'(t) = -\frac{2}{t} - \frac{d}{dt}\left(\frac{4}{t^2+1}\right)$$

$$= -\frac{2}{t} - 4(-1)(t^2+1)^{-2}(2t) = -\frac{2}{t} + \frac{8t}{(t^2+1)^2}$$

이제 $t = \dfrac{1}{2}$ 을 대입한다.

$$h'\left(\frac{1}{2}\right) = -\frac{2}{1/2} + \frac{8(1/2)}{((1/2)^2+1)^2}$$

$$= -4 + \frac{4}{(5/4)^2} = -4 + \frac{4}{25/16}$$

$$= -4 + \frac{64}{25}$$

문제에서 요구하는 값은 $100(h'(1/2) + 4)$ 이므로,

$$100\left(-4 + \frac{64}{25} + 4\right) = 100 \times \frac{64}{25} = 4 \times 64 = 256$$

[다른 풀이]

최적화된 함수 $h(t) = f(x^*) - g(x^*)$

(단, $x^* = \dfrac{1}{t}$)를 t 로 미분할 때, x^* 가 극점이므로

$\dfrac{\partial(f-g)}{\partial x} = 0$ 이 되어 t 에 대한 편미분항만 남는다.

$$h'(t) = -\frac{\partial g}{\partial t}\bigg|_{x=1/t} = -f''(t)\left(\frac{1}{t} - t\right)$$

$$f''(t) = \frac{2(1-t^2)}{(t^2+1)^2}$$

$$h'(t) = -\frac{2(1-t^2)}{(t^2+1)^2} \cdot \frac{1-t^2}{t} = -\frac{2(1-t^2)^2}{t(t^2+1)^2}$$

$t = 1/2$ 대입 시:

$$h'\left(\frac{1}{2}\right) = -\frac{2\left(\frac{3}{4}\right)^2}{\left(\frac{1}{2}\right)\left(\frac{5}{4}\right)^2} = -\frac{2\left(\frac{9}{16}\right)}{\left(\frac{1}{2}\right)\left(\frac{25}{16}\right)} = -\frac{\frac{18}{16}}{\frac{25}{32}} = -\frac{18}{16} \times \frac{32}{25}$$

$$= -\frac{36}{25}$$

앞선 풀이의 식 통분:

$$-\frac{2}{t} + \frac{8t}{(t^2+1)^2} = \frac{-2(t^2+1)^2 + 8t^2}{t(t^2+1)^2}$$

$$= \frac{-2(t^4+2t^2+1)+8t^2}{t(t^2+1)^2} = \frac{-2(t^4-2t^2+1)}{t(t^2+1)^2} = -\frac{2(t^2-1)^2}{t(t^2+1)^2}$$

두 결과가 일치한다.

$$-4 + 64/25 = -100/25 + 64/25 = -36/25 \; .$$

따라서,

$$100\left(-\frac{36}{25} + 4\right) = 100\left(\frac{64}{25}\right) = 256 \text{ 이다.}$$

30.

수학 영역

빠른 정답

공통

1	②	2	③	3	④	4	④	5	③
6	③	7	⑤	8	①	9	①	10	①
11	⑤	12	②	13	③	14	④	15	✕
16	1	17	14	18	5	19	210	20	560
21	10	22	✕						

확률과 통계

23	①	24	⑤	25	④	26	②	27	①
28	②	29	69	30	✕				

미적분

23	③	24	④	25	①	26	③	27	①
28	⑤	29	16	30	✕				

해설

1. 정답 ②

$$4^{\frac{1}{3}} \times 4^{\frac{2}{12}} = 2^{\frac{2}{3}+\frac{1}{3}} = 2$$

2. 정답 ③

$$\sin\left(\frac{7}{2}\pi+\theta\right) = \sin\left(\frac{3}{2}\pi+\theta\right) = -\cos\theta = -\frac{1}{3}$$

3. 정답 ④

$$\int_{-2}^{2} (x^3+3x^2+5x-3)\,dx$$

$$= \int_{-2}^{2} (x^3+5x)\,dx + \int_{-2}^{2} (3x^2-3)\,dx$$

$$= 0 + 2\int_{0}^{2} (3x^2-3)\,dx$$

$$= 2 \times \left[x^3-3x\right]_{0}^{2}$$

$$= 2 \times (8-6) = 4$$

4. 정답 ④

$y = x^2 f(x)$에서 $y' = 2xf(x) + x^2 f'(x)$이고, 점 $(2, 8)$이
곡선 $y = x^2 f(x)$ 위의 점이므로 $f(2) = 2$
곡선 $y = x^2 f(x)$ 위의 점 $(2, 8)$에서의 접선의 기울기가
4이므로
$2 \times 2 \times f(2) + 2^2 \times f'(2) = 8 + 4f'(2) = 4$
즉, $f'(2) = -1$
따라서 곡선 $y = f(x)$ 위의 점 $(2, f(2))$에서의 접선의
방정식은
$y - f(2) = f'(2) \times (x-2)$
$y - 2 = -(x-2)$
즉, $y = -x+4$
따라서 구하는 y절편은 4이다.

5. 정답 ③

등비수열 $\{a_n\}$의 공비를 r라 하면

$$a_2 = a_1 r = \frac{1}{3} \qquad \cdots\cdots \ \bigcirc$$

$$a_3 - a_4 = a_1 r^2 - a_1 r^3 = \frac{1}{3}r - \frac{1}{3}r^2 = \frac{1}{12}$$

$$r^2 - r + \frac{1}{4} = 0, \ \left(r - \frac{1}{2}\right)^2 = 0$$

따라서 $r = \frac{1}{2}$이고 이를 $\bigcirc$에 대입하면 $a_1 = \frac{2}{3}$

6. 정답 ③

$$\int_1^4 \left(\frac{7}{2}x^2 - x\right)dx + \int_4^1 \left(\frac{1}{2}x^2 - x\right)dx$$

$$= \int_1^4 \left(\frac{7}{2}x^2 - x\right)dx + \int_1^4 \left(-\frac{1}{2}x^2 + x\right)dx$$

$$= \int_1^4 3x^2\, dx = \left[x^3\right]_1^4 = 64 - 1 = 63$$

7. 정답 ⑤

함수 $f(x) = 2 - 3\sin 2x$의 주기는 $\frac{2\pi}{2} = \pi$이므로

함수 $f(x)$의 그래프는 다음과 같다.

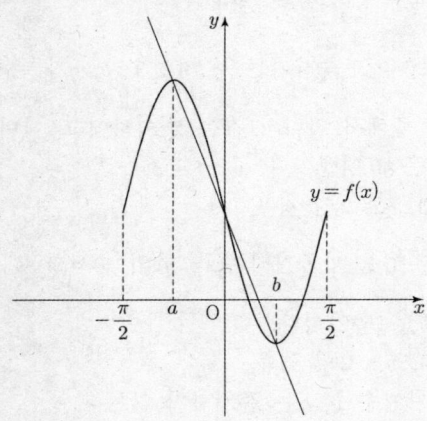

함수 $f(x)$는 $x = -\frac{\pi}{4}$일 때 최댓값

$$f\left(-\frac{\pi}{4}\right) = 2 - 3\sin\left(-\frac{\pi}{2}\right) = 5$$를 갖고,

$x = \frac{\pi}{4}$일 때 최솟값

$$f\left(\frac{\pi}{4}\right) = 2 - 3\sin\left(\frac{\pi}{2}\right) = 2 - 3 \times 1 = -1$$을 가진다.

$a = -\frac{\pi}{4}$, $b = \frac{\pi}{4}$이므로 두 점 $\left(-\frac{\pi}{4},\, 5\right)$, $\left(\frac{\pi}{4},\, -1\right)$을

지나는 직선의 기울기는

$$\frac{-1-5}{\frac{\pi}{4} - \left(-\frac{\pi}{4}\right)} = -\frac{6}{\frac{\pi}{2}} = -\frac{12}{\pi}$$

8. 정답 ①

점 P의 시각 t에서의 속도 $v(t)$는

$$v(t) = \frac{dx}{dt} = 3t^2 - 2t - 4$$

점 P의 속도가 4인 시각은

$$3t^2 - 2t - 4 = 4, \ (3t+4)(t-2) = 0$$

$t \geq 0$이므로 $t = 2$

점 P의 시각 t에서의 가속도 $a(t)$는

$$a(t) = \frac{dv}{dt} = 6t - 2$$

이므로 $t = 2$일 때 점 P의 가속도는

$$6 \times 2 - 2 = 10$$

9. 정답 ①

$f(x) = (x-a)(x-b)$이므로

$f(n)$의 n제곱근을 k라 하면 $k^n = f(n)$이다.

$k > 0$인 k가 존재하기 위한 조건은 $f(n) > 0$이다.

따라서 $a < b$라 두면 $n < a$ 또는 $n > b$이다.

$k < 0$인 k가 존재하기 위한 조건은 n이 짝수일 때

$f(n) > 0$, n이 홀수일 때 $f(n) < 0$이다.

$$\sum_{n=2}^{10} = \frac{9}{2} \times (2+10) = 54$$이다.

2부터 10까지의 자연수 중에 $a \leq n \leq b$인 2개 이상의

연속한 자연수 n의 합이 22인 경우를 찾아보자.

a부터 시작하여 m개의 합은 첫 항이 a이고 공차가 1인

등차수열의 m번째 항까지의 합이므로

$$\frac{m}{2}(2a+m-1) = 22$$이다.

따라서 $m(2a+m-1) = 44$이다.

이때 m과 $2a+m-1$ 중에 하나는 홀수, 다른 하나는

짝수이므로 44를 3 이상의 홀수와 4의 배수의 곱으로

표현하는 경우는

$$44 = 4 \times 11$$뿐이다.

(i) $m = 4$, $2a+m-1 = 11$일 때 $a = 4$이다.

　　　$4+5+6+7 = 22$이므로 $b = 7$이다.

　　　이 경우에 $f(x) = (x-4)(x-7)$이고, $f(n)$의 n제곱근

　　　중 양수인 실수인 것이 존재하는 자연수 n의 값은

　　　2, 3, 8, 9, 10이다.

　　　이 값들의 합은 32이므로 조건을 만족시킨다.

(ii) $m = 11$, $2a+m-1 = 4$인 경우는 존재하지 않는다.

(i), (ii)에 의하여 $f(x) = (x-4)(x-7)$이다.

$\therefore a+b = 4+7 = 11$

10. 정답 ①

함수 $g(x)$가 실수 전체의 집합에서 연속이려면 특히
경계점 $x=2$에서 연속이어야 한다

따라서

$$\lim_{x \to 2-} g(x) = g(2) = \lim_{x \to 2+} g(x)$$

를 만족해야 한다.

$x<2$일 때 $f(x) \neq 0$이어야 한다.

(i) $f(2) \neq 0$일 때

$$\lim_{x \to 2-} g(x) = 0$$이고

$$\lim_{x \to 2+} g(x) = f(2) - 2, \ g(2) = f(2) - 2$$

이므로 $f(2) = 2$

삼차함수 $f(x)$의 최고차항의 계수가 양수이므로

$$\lim_{x \to -\infty} f(x) = -\infty$$에서 $x<2$일 때 $f(x) = 0$의

실근이 적어도 하나 존재하므로 $g(x)$가
실수 전체의 집합에서 연속일 수 없다.

(ii) $f(2) = 0$일 때

$$g(2) = f(2) - 2 = -2$$이므로

$$\lim_{x \to 2-} \frac{(x-2)^k}{f(x)} = -2$$이면서 $x<2$일 때

$f(x) \neq 0$이어야 한다.

$k=3$이면 $f(x) = (x-2)^3$일 때만 극한값이

존재하고 $\lim_{x \to 2-} \dfrac{(x-2)^k}{f(x)} = 1$이므로 성립하지 않는다.

$k=1$일 때 $f(x) = (x-2)f_1(x)$라 하면

$f_1(x)$는 최고차항의 계수가 1인 이차식이다.

$$f_1(2) = -\frac{1}{2}$$

이때 $f_1(x) = 0$은 $x<2$일 때 실근을 가지므로
$g(x)$가 실수 전체의 집합에서 연속일 수 없다.

따라서 $k=2$이고 $f(x) = (x-2)^2(x-a)$라 하면

$$\lim_{x \to 2-} \frac{(x-2)^2}{(x-2)^2(x-a)} = \frac{1}{2-a} = -2$$

이므로 $a = \frac{5}{2}$

따라서 $f(x) = (x-2)^2 \left(x - \frac{5}{2} \right)$이므로

$$f(0) = -10$$

11. 정답 ⑤

조건 (가)에 의하여

$$|a_1| + |a_2| = 2d \qquad \cdots ㉠$$
$$|a_1| + |a_5| = 4d \qquad \cdots ㉡$$

에서 모두 좌변의 값은 0 이상이므로

$$d > 0 \qquad \cdots ㉢$$

㉠에서 ㉡을 각 변끼리 빼면

$$|a_2| - |a_5| = -2d$$

이므로

$$|a_2| < |a_5| \ (\because ㉡) \qquad \cdots ㉣$$

이때 ㉣에서 $a_2 < a_5$이므로 만약 $a_2 \geq 0$이면

$a_2 - a_5 = (a_1 + d) - (a_1 + 4d) = -3d$이므로 ㉣에서

$a_2 < 0$이고 ㉣에서 $a_1 < 0$

$a_5 < 0$인 경우 ㉡에서 $-a_1 - a_5 = 4d$이므로 $a_5 = a_1 + 4d$와

연립하면

$$a_1 = -4d, \ a_5 = 0$$

이때, $a_5 < 0$을 만족시키지 않으므로 $a_5 \geq 0$이고

$$-a_1 - a_2 = 2d \ (\because ㉠)$$
$$-a_1 + a_5 = 4d \ (\because ㉡)$$

을 연립하면 $a_1 = -\dfrac{3}{2}d$에서

$$a_n = -\frac{5}{2}d + dn \qquad \cdots ㉤$$

조건 (나)에서 $a_p = -5a_q$에서

$$\frac{a_p}{a_q} = -5 \qquad \cdots ㉥$$

를 만족시키는 두 자연수 p, q는 다음과 같다.

$$a_1 = -\frac{3}{2}d, \ a_2 = -\frac{d}{2}, \ a_3 = \frac{d}{2}, \ a_4 = \frac{3}{2}d,$$
$$a_5 = \frac{5}{2}d, \ a_6 = \frac{7}{2}d, \ a_7 = \frac{9}{2}d, \cdots$$

에서 $\dfrac{a_p}{a_q} < 0$을 만족시키는 두 자연수 p, q가 존재하고,

이때 p, q 중에서 하나의 값은 2 이하이고, 나머지
하나의 값은 3 이상이다.

(i) $p \geq 3, q \leq 2$인 경우

$\dfrac{a_p}{a_q} = -5$를 만족시키는 (p, q)의 순서쌍은

$(10, 1), \ (5, 2)$이다.

(ii) $q \geq 3, p \leq 2$인 경우

두 자연수 p, q는 존재하지 않는다.

따라서 모든 $p+q$의 값은 11 또는 7이므로 합은 18이다.

12. 정답 ②

1단계: 삼각형 ABC 의 해석

△ABC 에서 코사인 법칙을 적용하여 선분 AB 의
길이를 구한다.

$\overline{AB} = c$ 라 하면,

$$\overline{AB}^2 = \overline{AC}^2 + \overline{BC}^2 - 2\overline{AC} \cdot \overline{BC} \cos\left(\frac{\pi}{4}\right)$$

$$c^2 = (3\sqrt{2})^2 + 4^2 - 2(3\sqrt{2})(4)\left(\frac{\sqrt{2}}{2}\right)$$

$c^2 = 18 + 16 - 24 = 10$

따라서 $\overline{AB} = \sqrt{10}$ 이다.

2단계: $\angle B$ 에 대한 정보 획득

△ABC 에서 다시 코사인 법칙을 이용하여 $\cos B$ 를 구한다.

$\overline{AC}^2 = \overline{AB}^2 + \overline{BC}^2 - 2\overline{AB} \cdot \overline{BC} \cos B$

$18 = 10 + 16 - 2(\sqrt{10})(4)\cos B$

$18 = 26 - 8\sqrt{10} \cos B$

$8\sqrt{10} \cos B = 8 \Rightarrow \cos B = \dfrac{1}{\sqrt{10}}$

이때 $\sin B = \sqrt{1 - \cos^2 B} = \dfrac{3}{\sqrt{10}}$ 이므로,

$\tan B = \dfrac{\sin B}{\cos B} = 3$

3단계: 사각형 ABCD 의 구조 파악

조건에서 $\tan\alpha = -3$ ($\angle BAD = \alpha$)이고, 위에서 구한

$\tan B = 3$ 이므로

$\tan\alpha = -\tan B$

이는 $\alpha + B = \pi$ (단, $0 < B < \pi/2 < \alpha < \pi$)임을 의미한다.

원에 내접하는 사각형에서 대각의 합은 π 이므로

$\angle B + \angle D = \pi$ 이다.

그런데 $\angle A + \angle B = \pi$ 라는 조건이 추가되었으므로, 이는

곧 $\angle A = \angle D$ 이고 $\angle B = \angle C$ 임을 의미한다.

즉, 사각형 ABCD 는 $\overline{AD} \parallel \overline{BC}$ 인 등변사다리꼴이다.

따라서 $\overline{CD} = \overline{AB} = \sqrt{10}$ 이다.

4단계: 삼각형 CDE 의 넓이 계산

사각형 ABCD 가 원에 내접하므로 외각의 성질에 의해

$\angle CDE = \angle B$ 이다.

직각삼각형 CDE 에서 빗변 $\overline{CD} = \sqrt{10}$ 이므로,

$\overline{CE} = \overline{CD}\sin B = \sqrt{10} \times \dfrac{3}{\sqrt{10}} = 3$

$\overline{DE} = \overline{CD}\cos B = \sqrt{10} \times \dfrac{1}{\sqrt{10}} = 1$

따라서 삼각형 CDE 의 넓이 S 는

$S = \dfrac{1}{2} \times \overline{CE} \times \overline{DE} = \dfrac{1}{2} \times 3 \times 1 = \dfrac{3}{2}$

---

13. 정답 ③

조건 (가)에서 $f(x) = f(x-5) + b$ 이므로, 함수 $f(x)$ 의

그래프는 x 가 5만큼 증가할 때마다 y축 방향으로

b 만큼 평행이동하는 계단식 모양을 가진다.

$x \to \infty$ 일 때 $f(x)$ 의 평균적인 기울기는 주기의 가로

길이와 세로 이동량의 비율로 수렴한다.

$\displaystyle\lim_{x \to \infty} \dfrac{f(x)}{x} = \dfrac{\text{세로이동량}}{\text{가로주기}} = \dfrac{b}{5}$

문제의 조건에서 이 극한값이 2 이므로, $\dfrac{b}{5} = 2 \Rightarrow b = 10$

조건 (나)에서 $f(x) = k$ 가 오직 하나의 실근을 가지려면,

함수 $f(x)$ 는 실수 전체에서 끊어짐 없이 증가하거나

감소해야 하며, 치역에 빈틈이 없어야 한다.

주어진 구간 $0 \le x < 5$ 에서 $f(x) = \dfrac{50x}{x+a}$ 는 $a > 0$

이므로 $f'(x) > 0$, 즉 증가함수이다.

따라서 전체 구간에서 일대일 대응이 되기 위해서는 첫

번째 주기의 끝점(극한값)과 두 번째 주기의 시작점이

일치해야 한다.

첫 번째 구간($0 \le x < 5$)의 치역의 상한

(오른쪽 끝 극한값): $\displaystyle\lim_{x \to 5-} f(x) = \dfrac{50 \times 5}{5+a} = \dfrac{250}{5+a}$

두 번째 구간($5 \le x < 10$)의 시작값:

$f(5) = f(0) + b = 0 + 10 = 10$

치역이 연결되기 위해 위 두 값이 같아야 하므로,

$\dfrac{250}{5+a} = 10$

$250 = 10(5+a)$

$25 = 5 + a \Rightarrow a = 20$

3단계: 최종 답 구하기

$a + b = 20 + 10 = 30$

---

14. 정답 ④

(i) 조건 (가)에 의하여 두 정수 a, b는 다음과 같다.

① $|a| < 4$일 때

방정식 $f(x) = 4$의 실근이 존재하지 않으므로

조건 (가)를 만족시키지 않는다.

② $|a| = 4$일 때

주기가 $\dfrac{2\pi}{|b|}$이므로 $0 \le x \le 2\pi$에서 방정식

$f(x) = 4$의 실근의 개수는 $|b|$이므로 $|b| = 8$

③ $4 < |a| \le 8$일 때

주기가 $\dfrac{2\pi}{|b|} = \dfrac{2\pi}{4}$일 때만 $0 \le x \le 2\pi$에서

방정식 $f(x) = 4$의 실근의 개수는 8이 되므로

$|b| = 4$

(ii) 조건 (나)에서 두 함수 $y = a\sin bx$, $y = a\cos bx$의

그래프는 다음 그림과 같다.

① $a > 0, b > 0$일 때,

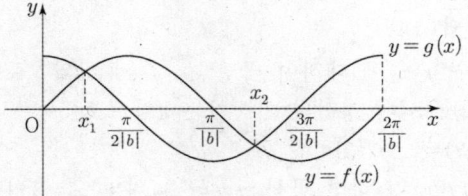

조건 $\dfrac{k\pi}{2|b|} < x_{2k-1} < \dfrac{k\pi}{|b|}$ 를 만족시키지 않는다.

② $a > 0, b < 0$일 때,

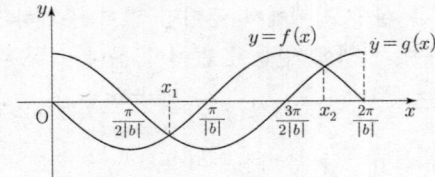

조건을 만족시킨다.

③ $a < 0, b > 0$일 때,

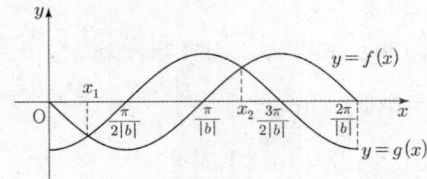

조건 $\dfrac{k\pi}{2|b|} < x_{2k-1} < \dfrac{k\pi}{|b|}$ 를 만족시키지 않는다.

④ $a < 0, b < 0$일 때,

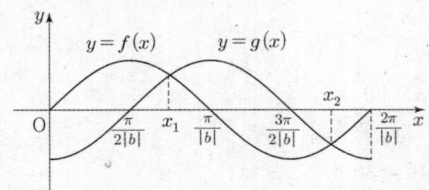

조건 $x_{2k-1} < t < x_{2k}$를 만족하는 실수 t에
대하여 $f(t) > g(t)$을 만족시키지 않는다.

(i)~(ii)에 의하여 구하는 모든 순서쌍은
$(4, -8), (5, -4), (6, -4), (7, -4), (8, -4)$
이고 $a+b$의 최댓값은 $(8, -4)$일 때 4이다.

15.

16. 정답 1

$2^x = t$ $(t > 0)$이라 하면 주어진 방정식은
$4t^2 - 7t - 2 = 0$
$(4t+1)(t-2) = 0$
$t > 0$이므로 $t = 2$
$2^x = 2$이므로 $x = 1$

17. 정답 14

다항함수 $f(x)$에 대하여 곡선 $y = f(x)$ 위의
점 $(3, 2)$에서의 접선의 기울기는 4이므로
$\qquad f(3) = 2,\ f'(3) = 4$
$g(x) = xf(x)$라 하면 곡선 $y = g(x)$ 위의 $x = 3$인
점에서의 접선의 기울기는 $g'(3)$이고
$g'(x) = f(x) + xf'(x)$ 이므로
$\qquad g'(3) = f(3) + 3f'(3) = 2 + 3 \times 4 = 14$

18. 정답 5

시각 $t = 0$ 에서 $t = 2$ 까지의 위치의 변화량은 속도의
정적분이므로
$$\int_0^2 v(t)dt = -2$$
이다.
$v(t) = -3t^2 + at + 2$ 이므로
$$\int_0^2 (-3t^2 + at + 2)dt = -2$$
정적분을 계산하면,
$$\left[-t^3 + \frac{a}{2}t^2 + 2t \right]_0^2 = -2$$
$(-8 + 2a + 4) - 0 = -2$
$2a - 4 = -2$
따라서, $a = 1$
따라서 속도 함수는 다음과 같다.
$v(t) = -3t^2 + t + 2$
움직인 거리를 구하기 위해서는 속도의 부호가 바뀌는
지점을 찾아야 한다.
$v(t) = 0$ 인 t 를 구하면,
$-3t^2 + t + 2 = 0$
$-(3t+2)(t-1) = 0$
$t \geq 0$ 이므로, $t = 1$ 에서 점 P의 운동 방향이 바뀐다.
즉, $0 \leq t < 1$ 에서는 $v(t) > 0$
(양의 방향 이동),
$1 < t \leq 2$ 에서는 $v(t) < 0$
(음의 방향 이동)이다.
움직인 거리는 속도의 절댓값을 적분하여 구한다.
$t = 1$ 을 기준으로 구간을 나누어 계산한다.
움직인 거리는
$$\int_0^2 |v(t)|dt = \int_0^1 v(t)dt + \int_1^2 -v(t)dt$$
(i) $0 \leq t \leq 1$ 구간의 이동 거리:
$$\int_0^1 (-3t^2 + t + 2)dt = \left[-t^3 + \frac{1}{2}t^2 + 2t \right]_0^1 = -1 + \frac{1}{2} + 2 = \frac{3}{2}$$
(ii) $1 \leq t \leq 2$ 구간의 이동 거리 (절댓값이므로 부호 반대):
먼저 정적분 값을 구하면,
$$\int_1^2 (-3t^2 + t + 2)dt = \left[-t^3 + \frac{1}{2}t^2 + 2t \right]_1^2$$
$$= (-8 + 2 + 4) - \left(-1 + \frac{1}{2} + 2 \right) = -2 - \frac{3}{2} = -\frac{7}{2}$$
따라서 이 구간에서 움직인 거리는 $\left| -\dfrac{7}{2} \right| = \dfrac{7}{2}$ 이다.

(iii) 총 움직인 거리: $\dfrac{3}{2} + \dfrac{7}{2} = \dfrac{10}{2} = 5$
따라서 구하는 움직인 거리는 5이다.

19. 정답 210

$n \geq 2$일 때 $a_n = \sum_{k=1}^{n-1}(k+1)a_k$이므로

$$a_{n+1}-a_n = \sum_{k=1}^{n}(k+1)a_k - \sum_{k=1}^{n-1}(k+1)a_k = (n+1)a_n$$

그러므로 $a_{n+1}=(n+2)a_n$(단, $n \geq 2$)

$a_n > 0$이므로 $\dfrac{a_{n+1}}{a_n}=n+2$

위 식에 $n=3$, 4, 5를 순서대로 대입하면

$\dfrac{a_4}{a_3}=5$, $\dfrac{a_5}{a_4}=6$, $\dfrac{a_6}{a_5}=7$이므로

$$\dfrac{a_6}{a_3}=\dfrac{a_4}{a_3}\times\dfrac{a_5}{a_4}\times\dfrac{a_6}{a_5}=5\times6\times7=210$$

20. 정답 560

$\lim_{h\to0}\dfrac{f(x+h)-f(x)}{h}=f'(x)$이므로 함수 $g(x)$는

$g(x)=|f(x-a)||f'(x)|$이다.

(가)에서 함수 $f'(x)=4x^2(x-3)$ 또는

$f'(x)=4x(x-3)^2$이다.

(i) $f'(x)=4x^2(x-3)$일 때,

$\quad f'(x)=4x^3-12x^2$

$\quad f(x)=x^4-4x^3+C$

$\quad f(x)=x^3(x-4)+C$이다.

함수 $|f'(x)|$는 $x=3$에서 미분가능하지 않으므로
함수 $g(x)$가 $x=3$에서 미분가능하기 위해서는
$f(3-a)=0$이어야 한다. … ㉠
방정식 $f(x)=0$의 실근의 개수가 2이고 함수
$f(x-a)$는 함수 $f(x)$을 x축의 방향으로 a만큼
평행이동한 그래프이므로 방정식 $f(x-a)=0$ 또한
서로 다른 두 실근을 갖는다.
방정식 $f(x-a)=0$의 두 실근을 α, β라 할 때,
함수 $|f(x-a)|$가 $x=\alpha$와 $x=\beta$에서 모두
미분가능하지 않으면, 예를 들어 $|f(x)|$가 $x=0$과
$x=3$에서 미분가능하지 않으면 $|f(x)|$는 두 점에서
미분불가능하므로 (다) 조건을 만족시킬 수 없다.
따라서
$f(x)=x^3(x-4)+C$에서 $C=0$일 때, 즉,
$f(x)=x^3(x-4)$에서 함수 $|f(x)|$가 $x=0$에서
미분가능하고 $x=4$에서만 미분가능하지 않게
되므로 함수 $g(x)=|f(x-a)||f'(x)|$가 실수 전체의
집합에서 미분가능하기 위해서는 ㉠에서 $a=-1$이면
된다.

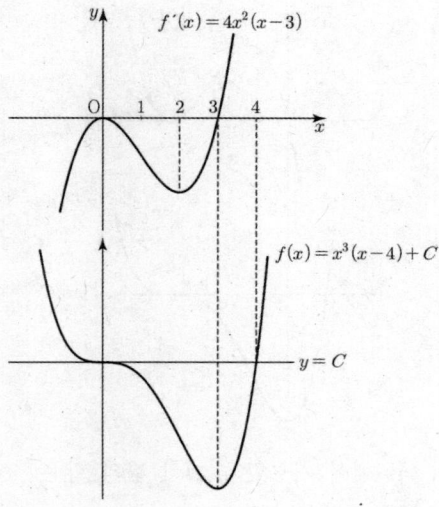

따라서
$$g(x)=|f(x+1)||f'(x)|$$
$$\quad=|(x+1)^3(x-3)|\times|4x^2(x-3)|$$
$$\quad=|4(x+1)^3x^2(x-3)^2|$$
$$g(1)=|4\times2^3\times1\times(-2)^2|=128$$

(ii) $f'(x)=4x(x-3)^2$일 때,
$\quad f(x)=(x+1)(x-3)^3+C$ 꼴이다.
함수 $|f'(x)|$는 $x=0$에서 미분가능하지 않으므로
함수 $g(x)$가 $x=0$에서 미분가능하기 위해서는
$f(-a)=0$이어야 한다. … ㉡
방정식 $f(x)=0$의 실근의 개수가 2이고 함수
$f(x-a)$는 함수 $f(x)$을 x축의 방향으로 a만큼
평행이동한 그래프이므로 방정식 $f(x-a)=0$ 또한
서로 다른 두 실근을 갖는다.
함수 $|f(x-a)|$가 $x=\alpha$와 $x=\beta$에서 모두
미분가능하지 않으면 조건을 만족시킬 수 없다.
따라서
$f(x)=(x+1)(x-3)^3+C$에서 $C=0$일 때, 즉
$f(x)=(x+1)(x-3)^3$에서 함수 $|f(x)|$가 $x=3$에서
미분가능하고 $x=-1$에서만 미분가능하지 않게
되므로 함수 $g(x)=|f(x-a)||f'(x)|$가 실수 전체의
집합에서 미분가능하기 위해서는 ㉡에서 $a=1$이면
된다. 따라서
$$g(x)=|f(x-1)||f'(x)|$$
$$\quad=|x(x-4)^3|\times|4x(x-3)^2|$$
$$\quad=|4x^2(x-3)^2(x-4)^3|$$
$$g(1)=|4\times1^2\times(-2)^2\times(-3)^3|=432$$

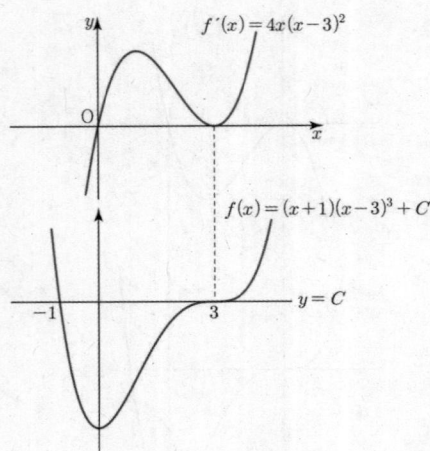

$f'(x) = 4x(x-3)^2$

$f(x) = (x+1)(x-3)^3 + C$

$y = C$

(i), (ii)에서 가능한 $g(1)$ 의 값의 합은
$128 + 432 = 560$ 이다.

21. 정답 10

함수 $f(x)$ 의 $x \geq 0$ 구간은 $y = 12 - \log_2(x+1)$ 이다.
이 함수는 감소함수이며, 주요 정수점에서의 함숫값을
확인하면 다음과 같다.
- $x = 0$ 일 때, $y = 12 - \log_2(1) = 12$
- $x = 1$ 일 때, $y = 12 - \log_2(2) = 11$
- $x = 3$ 일 때, $y = 12 - \log_2(4) = 10$
- $x = 7$ 일 때, $y = 12 - \log_2(8) = 9$

k 가 0 에서 7 직전까지 변할 때, $x \geq 0$ 구간에서
함수 $f(x)$ 가 취하는 값의 범위는 $(9, 12]$ 이다.
이 구간에 포함되는 정수는 12, 11, 10 이다.
조건에서 $g(k) = 3$ 으로 일정하다고 했으므로,
집합 $\{f(x) | x \leq k\}$ 에 포함되는 정수 원소는 k 의
변화와 관계없이 항상 $\{10, 11, 12\}$ 여야 한다.
k 가 0 일 때, 우측 함수는 오직 $\{12\}$ 만을 정수 원소로
가진다.
하지만 이때도 전체 정수 개수는 3 개여야 하므로, 좌측
함수($x < 0$)의 치역에 이미 10 과 11 이 포함되어
있어야 한다.
즉, $x < 0$ 구간의 치역을 R_L 이라 할 때, $\{10, 11\} \subset R_L$
이어야 한다.
또한, $k = 7$ 이 되는 순간 우측 함수값은 9 가 된다.
문제의 조건이 $k < 7$ 에서만 성립한다는 것은, $k = 7$ 이
되었을 때 정수 개수에 변화가 생긴다는 것을 의미한다.
만약 9 가 이미 R_L 에 포함되어 있다면, $k = 7$ 이 되어도
정수 집합은 여전히 $\{9, 10, 11, 12\}$ 의 부분집합으로서
개수 변화가 없거나 조건 범위가 확장되었을 것이다.
따라서, 9 는 R_L 에 포함되지 않아야 한다. ($9 \notin R_L$)
$x < 0$ 일 때 $f(x) = 3^{x+a} + b$ 이다.
이 함수는 증가함수이며, 치역은 $(b, 3^a + b)$ 이다.

(단, $x \to 0+$ 에서의 극한값은 $3^a + b$ 이나, $x < 0$ 이므로
이 값은 포함되지 않는다.)
위에서 도출한 조건들을 대입하면:
1. 하한 조건: R_L 은 10 을 포함하고 9 를 포함하지
않아야 한다.
치역의 하한이 b 이므로, $9 \leq b < 10$ 이어야 한다.
b 는 자연수이므로, $b = 9$ 이다.
이제 치역은 $(9, 3^a + 9)$ 가 된다.
2. 상한 조건: R_L 은 10, 11 을 반드시 포함해야 한다.
그리고 전체 정수 개수가 3 개($\{10, 11, 12\}$)여야 하므로,
13 은 포함하면 안 된다.
또한, 12 의 포함 여부를 확인해보자.
- 만약 $a = 1$ 이면, 치역은 $(9, 3^1 + 9) = (9, 12)$ 이다.
이 구간의 정수는 $\{10, 11\}$ 이다.
전체 집합은 $\{10, 11\} \cup \{12($ 가 되어 개수는 3개로
만족한다.
- 만약 $a = 2$ 이면, 치역은 $(9, 3^2 + 9) = (9, 18)$ 이다.
이 구간의 정수는 $\{10, 11, 12, \cdots, 17\}$ 로 이미 3개를
초과한다.

따라서 조건을 만족하는 자연수는 $a = 1$ 뿐이다.
4단계: 답 구하기
$a = 1, b = 9$ 이므로, $a + b = 1 + 9 = 10$ 이다.

22.

확률과 통계

23. 정답 ①

$\left(x + \dfrac{2}{x}\right)^4$ 의 전개식의 일반항은

${}_4C_r \times x^{4-r} \times \left(\dfrac{2}{x}\right)^r = {}_4C_r \times 2^r \times x^{4-2r}$ $(r = 0, 1, 2, 3, 4)$

x^2 항은 $4 - 2r = 2$ 에서 $r = 1$ 일 때이다.
따라서 x^2 의 계수는 ${}_4C_1 \times 2^1 = 8$

24. 정답 ⑤

두 사건 A, B가 서로 배반사건이므로

$P(A \cup B) = P(A) + P(B)$ 에서 $\dfrac{3}{4} = \dfrac{1}{12} + P(B)$

따라서 $P(B) = \dfrac{3}{4} - \dfrac{1}{12} = \dfrac{2}{3}$

25. 정답 ④

$E(X) = 0 \times \dfrac{3}{10} + 1 \times \dfrac{1}{5} + a \times \dfrac{1}{2} = \dfrac{1}{5} + \dfrac{1}{2}a$

$E(X^2) = 0 \times \dfrac{3}{10} + 1 \times \dfrac{1}{5} + a^2 \times \dfrac{1}{2} = \dfrac{1}{5} + \dfrac{1}{2}a^2$

이때 주어진 조건에서 $E(X^2) = E(X) + 6$이므로

$\dfrac{1}{5} + \dfrac{1}{2}a^2 = \dfrac{1}{5} + \dfrac{1}{2}a + 6$

$a^2 - a - 12 = 0$, $(a-4)(a+3) = 0$

$a > 1$이므로 $a = 4$

26. 정답 ②

문자 S,D,E가 서로 이웃하도록 배열하려면 S,D,E를 하나의 묶음으로 본다.

(S, D, E), T, T, U, N

모두 5개를 배열하는 경우의 수는 $\dfrac{5!}{2!} = 60$

또한 S, D, E를 서로 바꾸는 경우의 수가 $3! = 6$

따라서 구하는 경우의 수는 $60 \times 6 = 360$

27. 정답 ①

전체 9개 강의 중에서 5개 강의를 선택하는 경우의 수는

$_9C_5 = {}_9C_4 = \dfrac{9 \times 8 \times 7 \times 6}{4 \times 3 \times 2 \times 1} = 126$

(i) 수학을 3개 선택하고 나머지 강의 2개를 선택하는 경우

$_4C_3 \times {}_5C_2 = 4 \times 10 = 40$

(ii) 수학을 3개 선택하고 국어를 선택하지 않는 경우

$_4C_3 \times {}_2C_2 = 4$

따라서 구하는 확률은 $\dfrac{40 - 4}{126} = \dfrac{36}{126} = \dfrac{2}{7}$

28. 정답 ②

n번 공을 뽑아 나온 빨간 공의 개수를 확률변수 Y라 하면 $Y = n\overline{X}$는 이항분포 $B\left(n, \dfrac{1}{5}\right)$를 따르고

평균은 $\dfrac{n}{5}$, 분산은 $\dfrac{4n}{25}$이다. n이 충분히 크면 Y는

근사적으로 정규분포 $N\left(\dfrac{n}{5}, \left(\dfrac{2\sqrt{n}}{5}\right)^2\right)$를 따르므로

$Z = \dfrac{Y - \dfrac{n}{5}}{\dfrac{2\sqrt{n}}{5}}$ 는 표준정규분포를 따른다.

$P(0.12 \le \overline{X} \le 0.28) = P(0.12n \le Y \le 0.28n)$

$= P\left(\dfrac{0.12n - \dfrac{n}{5}}{\dfrac{2\sqrt{n}}{5}} \le Z \le \dfrac{0.28n - \dfrac{n}{5}}{\dfrac{2\sqrt{n}}{5}}\right)$

$= P(-0.2\sqrt{n} \le Z \le 0.2\sqrt{n}) \ge 0.95$

표준정규분포에 따라 $0.2\sqrt{n} \ge 1.96$ 만족하는 자연수 n의 최솟값은 97이다.

29. 정답 69

표본공간 $S = \{1, 2, 3, 4, 5, 6, 7, 8\}$

$A = \{2, 3, 5, 7\}$이므로 $P(A) = \dfrac{1}{2}$

두 사건 A와 B가 서로 독립이기 위한 조건은

$P(A) = P(A|B)$

n이 홀수인 경우는 집합 B가 존재하지 않는다

따라서 $a_{2n-1} = 0$

$n = 2$이면 $\{2, 3, 5, 7\}$에서 1개의 원소와 $\{1, 4, 6, 8\}$에서 1개의 원소를 선택하는 경우의 수는

$_4C_1 \times {}_4C_1 = 16$

$\therefore a_2 = 16$

$n = 4$이면 $\{2, 3, 5, 7\}$에서 2개의 원소와 $\{1, 4, 6, 8\}$에서 2개의 원소를 선택하는 경우의 수는

$_4C_2 \times {}_4C_2 = 36$

$\therefore a_4 = 36$

$n = 6$이면 $\{2, 3, 5, 7\}$에서 3개의 원소와 $\{1, 4, 6, 8\}$에서 3개의 원소를 선택하는 경우의 수는

$_4C_3 \times {}_4C_3 = 16$

$\therefore a_6 = 16$

$n = 8$이면 $\{2, 3, 5, 7\}$에서 4개의 원소와 $\{1, 4, 6, 8\}$에서 4개의 원소를 선택하는 경우의 수는

$_4C_4 \times {}_4C_4 = 1$

$\therefore a_8 = 1$

따라서

$\displaystyle\sum_{n=1}^{8} a_n = 0 + 16 + 0 + 36 + 0 + 16 + 0 + 1 = 69$

30.

23. 정답 ③

$$\lim_{n \to \infty} \frac{3n^2}{2n^2 + n} = \frac{3}{2}$$

24. 정답 ④

(i) $0 < x < 1$일 때,

$$f(x) = \int \frac{1}{x} dx = \ln x + C_1 \quad (C_1은 \ 적분상수)$$

(ii) $x > 1$일 때,

$$f(x) = \int \sqrt{x} dx = \int x^{\frac{1}{2}} dx = \frac{2}{3} x^{\frac{3}{2}} + C_2 \quad (C_2는 \ 적분$$
상수)

함수 $f(x)$가 $x = 1$에서 연속이므로

$0 + C_1 = \frac{2}{3} + C_2$에서 $C_1 = \frac{2}{3} + C_2$

$$\therefore \ f(e^2) - f\left(\frac{1}{e^2}\right) = \frac{2}{3} e^3 + C_2 - (-2 + C_1) = \frac{2}{3} e^3 + \frac{4}{3}$$

따라서 $3 \times \left\{ f(e^2) - f\left(\frac{1}{e^2}\right) \right\} = 2e^3 + 4$

25. 정답 ①

$f(x) = \frac{4^x}{2\ln 2}$에서 $f'(x) = \left(\frac{1}{2\ln 2}\right) \times 4^x \ln 4 = 4^x$이다.

$\lim_{h \to 0} \frac{f(g(1+2h)) - f(g(1))}{h} = 24$이므로 $2f'(g(1))g'(1) = 24$

$y = f(g(x))$라 하면 $y = f'(g(x))g'(x)$이고, $x = 1$일 때,
미분계수가 12이므로 $f'(g(1))g'(1) = 12$이고, $f'(g(1)) = 4$
즉 $4^{g(1)} = 4$이다. 따라서 $g(1) = 1$

26. 정답 ③

$f'(x) = (x^2 - ax)e^x$이므로 $x = 0, x = a$에서 극값을 갖는다.
이때 $a = 0$이면 $f'(x) \geq 0$이 되어 함수 $f(x)$가 극값을
갖지 않으므로 $a \neq 0$이다.
함수 $f(x)$가 $x = 4$에서 최솟값을 가지므로 $a = 4$이고

$f(0) = 0$, $f(6) = \int_0^6 (t^2 - 4t)e^t dt$

$$= \left[(t^2 - 4t)e^t \right]_0^6 - \int_0^6 (2t - 4)e^t dt$$

$$= \left[(t^2 - 4t)e^t \right]_0^6 - \left[(2t - 4)e^t \right]_0^6 + \int_0^6 2e^t dt$$

$$= \left[(t^2 - 6t + 6)e^t \right]_0^6 = 6(e^6 - 1)$$

이므로 함수 $f(x)$의 최댓값은 $6(e^6 - 1)$이다.

27. 정답 ①

1. 단면의 넓이 $S(x)$ 구하기
 x 축에 수직인 평면으로 자른 단면은 한 변의 길이가
$f(x)$ 인 정삼각형이다.
정삼각형의 넓이 공식에 의해 단면의 넓이 $S(x)$ 는
다음과 같다.

$$S(x) = \frac{\sqrt{3}}{4} \{f(x)\}^2$$
$$= \frac{\sqrt{3}}{4} \left\{ 2\sqrt{x}(x^2 + 5)^{\frac{1}{4}} \right\}^2$$
$$= \frac{\sqrt{3}}{4} \cdot 4x(x^2 + 5)^{\frac{1}{2}}$$
$$= \sqrt{3} x \sqrt{x^2 + 5}$$

2. 정적분을 이용한 부피 V 계산
입체도형의 부피 V 는 $x = 2$ 부터 $x = \sqrt{11}$ 까지 $S(x)$
를 정적분한 값이므로,

$$V = \int_2^{\sqrt{11}} S(x) dx = \int_2^{\sqrt{11}} \sqrt{3} x \sqrt{x^2 + 5} dx$$

3. 치환적분 수행
 $x^2 + 5 = t$ 로 놓으면, 양변을 x 에 대해 미분하여

$$2x = \frac{dt}{dx} \Rightarrow x dx = \frac{1}{2} dt$$

적분 구간을 변경한다.
 $x = 2$ 일 때, $t = 2^2 + 5 = 9$
 $x = \sqrt{11}$ 일 때, $t = (\sqrt{11})^2 + 5 = 16$
이를 식에 대입하면,

$$V = \sqrt{3} \int_9^{16} \sqrt{t} \cdot \frac{1}{2} dt$$
$$= \frac{\sqrt{3}}{2} \int_9^{16} t^{\frac{1}{2}} dt$$
$$= \frac{\sqrt{3}}{2} \left[\frac{2}{3} t^{\frac{3}{2}} \right]_9^{16}$$
$$= \frac{\sqrt{3}}{3} \left(16^{\frac{3}{2}} - 9^{\frac{3}{2}} \right)$$

여기서 $16^{\frac{3}{2}} = (4^2)^{\frac{3}{2}} = 4^3 = 64$,

$9^{\frac{3}{2}} = (3^2)^{\frac{3}{2}} = 3^3 = 27$ 이므로,

$$V = \frac{\sqrt{3}}{3} (64 - 27) = \frac{37\sqrt{3}}{3}$$

4. 최종 답 구하기

$$V = \frac{37\sqrt{3}}{3}$$

28. 정답 ⑤

$h(x) = \begin{cases} f(x) & (f(x) \leq g(x)) \\ g(x) & (f(x) > g(x)) \end{cases}$ 이고

$f(x) - g(x) = x \sin(\pi x)$ 이므로 닫힌구간 $[0, 8]$ 에서

$$h(x)=\begin{cases} f(x) & (2n-1 \le x \le 2n) \\ g(x) & (2n-2 \le x \le 2n-1) \end{cases} \quad (n=1,2,3,4)$$

$$\int_0^8 h(x)\,dx$$

$$=\sum_{n=1}^{4}\left(\int_{2n-2}^{2n-1} g(x)\,dx + \int_{2n-1}^{2n} f(x)\,dx\right)$$

$$=\sum_{n=1}^{4}\left(\int_{2n-2}^{2n-1}\{f(x)-x\sin(\pi x)\}\,dx + \int_{2n-1}^{2n} f(x)\,dx\right)$$

$$=\sum_{n=1}^{4}\left(\int_{2n-2}^{2n} f(x)\,dx - \int_{2n-2}^{2n-1} x\sin(\pi x)\,dx\right)$$

$$=\int_0^8 f(x)\,dx - \sum_{n=1}^{4}\left[\frac{\sin(\pi x)}{\pi^2}-\frac{x\cos(\pi x)}{\pi}\right]_{2n-2}^{2n-1}$$

$$=\frac{49}{\pi}-\sum_{n=1}^{4}\frac{4n-3}{\pi}=\frac{21}{\pi}$$

따라서 $\pi \times \int_0^8 h(x)\,dx = 21$

29. 정답 16

1단계: 공비의 부호 및 첫째항과 공비 구하기
등비수열 $\{a_n\}$ 의 첫째항을 a , 공비를 r 라 하자.
($\sum a_n$ 이 수렴하므로 $-1<r<1$)
만약 $r \ge 0$ 이고 $a>0$ 이면, 모든 항이 양수이므로
$|a_n|-a_n=0$ 이 되어 두 번째 조건($=8$)에 모순된다.
만약 $r \ge 0$ 이고 $a<0$ 이면, 모든 항이 음수이므로
$a_n+|a_n|=0$ 이 되어 첫 번째 조건($=16$)에 모순된다.
따라서 공비 r 은 음수여야 한다. ($r<0$)
또한, 첫 번째 조건의 합이 양수이므로 첫째항 $a>0$ 이다.
이때 수열의 항의 부호는 $+,-,+,-,\cdots$ 순서로 반복된다.
* $a_n+|a_n|$: $a_n>0$ 인 홀수 번째 항은 $2a_n$, 짝수 번째
항은 0 이 된다.

$$\sum_{n=1}^{\infty}(a_n+|a_n|)=\sum_{k=1}^{\infty}2a_{2k-1}=2(a_1+a_3+a_5+\cdots)$$

이는 첫째항이 $2a$, 공비가 r^2 인 등비급수이다.

$$\frac{2a}{1-r^2}=16 \cdots \text{①}$$

* $|a_n|-a_n$: $a_n<0$ 인 짝수 번째 항은 $-2a_n(=2|a_n|)$,
홀수 번째 항은 0 이 된다.

$$\sum_{n=1}^{\infty}(|a_n|-a_n)=\sum_{k=1}^{\infty}-2a_{2k}=-2(a_2+a_4+a_6+\cdots)$$

이는 첫째항이 $-2ar$ (양수), 공비가 r^2 인 등비급수이다.

$$\frac{-2ar}{1-r^2}=8 \cdots \text{②}$$

2단계: 연립방정식 풀기
식 ②를 식 ①로 나누면:

$$\frac{-2ar/(1-r^2)}{2a/(1-r^2)}=\frac{8}{16}\Rightarrow -r=\frac{1}{2}\Rightarrow r=-\frac{1}{2}$$

$r=-1/2$ 을 식 ①에 대입하면:

$$\frac{2a}{1-1/4}=\frac{2a}{3/4}=\frac{8a}{3}=16\Rightarrow a=6$$

따라서 $a_n=6\times\left(-\frac{1}{2}\right)^{n-1}$ 이다.

3단계: 부등식 조건 해석하기
주어진 부등식의 좌변을 S_m 이라 하자. $\cos(k\pi)=(-1)^k$
이므로,

$$S_m=\sum_{k=1}^{\infty}a_{m+k}(-1)^k$$

일반항을 분석해보면:

$$a_{m+k}(-1)^k=\left\{6\left(-\frac{1}{2}\right)^{m+k-1}\right\}(-1)^k$$

$$=6\left(-\frac{1}{2}\right)^{m-1}\left(-\frac{1}{2}\right)^{k}(-1)^k$$

여기서 $\left(-\frac{1}{2}\right)^k(-1)^k=\left(\left(-\frac{1}{2}\right)\times(-1)\right)^k=\left(\frac{1}{2}\right)^k$ 이므로,

$$(\text{일반항})=6\left(-\frac{1}{2}\right)^{m-1}\left(\frac{1}{2}\right)^{k}$$

이 급수는 변수 k 에 대해 첫째항이 $6(-1/2)^{m-1}(1/2)$
이고 공비가 $1/2$ 인 등비급수이다.

$$S_m=\frac{6(-1/2)^{m-1}\cdot(1/2)}{1-1/2}=6\left(-\frac{1}{2}\right)^{m-1}=-12\left(-\frac{1}{2}\right)^{m}$$

4단계: m 의 조건 구하기
부등식 $S_m>\frac{3}{100}$ 을 만족해야 한다.

$$-12\left(-\frac{1}{2}\right)^{m}>\frac{3}{100}$$

1. m 이 짝수인 경우 $(-1/2)^m>0$ 이므로 좌변은
음수가 되어 양수인 3/100 보다 클 수 없다. (불가능)
2. m 이 홀수인 경우 $(-1/2)^m=-(1/2)^m$ 이므로,

$$-12\left(-\left(\frac{1}{2}\right)^{m}\right)=12\left(\frac{1}{2}\right)^{m}$$

$$12\left(\frac{1}{2}\right)^{m}>\frac{3}{100}$$

양변을 3으로 나누고 정리하면,

$$4\left(\frac{1}{2}\right)^{m}>\frac{1}{100}\Rightarrow\left(\frac{1}{2}\right)^{m}>\frac{1}{400}\Rightarrow 2^m<400$$

$2^8=256$, $2^9=512$ 이므로, $m \le 8$ 인 홀수여야 한다.
가능한 자연수 m 은 1,3,5,7 이다.
따라서 모든 m 의 값의 합은 $1+3+5+7=16$.
따라서 $h\left(\frac{1}{e}\right)=\frac{4}{e^2+1}$ 이므로 $(e^2+1)h\left(\frac{1}{e}\right)=4$

30.